图解
南方葡萄优质高效栽培
TUJIE NANFANG PUTAO YOUZHI GAOXIAO ZAIPEI

石雪晖　杨国顺　刘昆玉　钟晓红　主编

U0246109

中国农业出版社
北　京

内 容 简 介

本书共分15章，主要针对南方葡萄栽培现状，采用图文并茂的形式介绍了我国近年选育的主要优良品种、生物学特性、苗木繁殖与高接换种、葡萄园的建立、土肥水管理、整形修剪、花果管理、植物生长调节剂的应用、主要病虫害防治、自然灾害及防御，以及葡萄采收与产后处理等优质高效栽培新技术；特别介绍了阳光玫瑰葡萄优质高效栽培技术、夏黑无核葡萄当年种植当年丰产高效栽培技术。其中附有大量彩色图片，还附有由全国葡萄病虫害防治协作网制定的3个南方葡萄病虫害防治规范。本书可供葡萄主要科技工作者和种植者阅读与参考。

编 委 会

国家葡萄产业技术体系熟期调控岗位

湖南省葡萄工程技术研究中心

湖南省葡萄协会

主　编：石雪晖　杨国顺　刘昆玉　钟晓红

编著者：（按姓氏笔画排序）

王先荣　王美军　石雪晖　白　描

刘昆玉　杨国顺　张　妮　陈湘云

陈文婷　金　燕　周　俊　钟晓红

姚　磊　倪建军　徐　丰　曹雄军

彭才庆　廖晓珊

前　言　Preface

　　到2016年底，我国葡萄栽培面积近81万hm²，居世界第二；产量1 308万t，为世界各国总产量的首位，我国鲜食葡萄产量占世界总产量的50%。与改革开放前（1978年以前）相比，面积增加31.3倍，产量增长125.8倍，已真正成为世界葡萄生产大国。葡萄已成为农民增收、区域经济发展和消费者不可或缺的大宗水果。

　　我国南方是改革开放以来葡萄发展最快的产区，目前，南方葡萄栽培面积与产量分别占全国总面积和总产量的25%和26%。随着我国农业产业结构的调整，包括葡萄产业在内的果品业在农村经济中的地位越来越重要，同时也面临着与世界果品竞争、市场接轨的问题。南方葡萄产区在面积、产量、产值等方面连年增长，为农民增收和区域经济发展作出了巨大贡献，但是我们须清醒地看到，在多年片面追求产量后出现了许多新问题，如栽植密度与产量增高，单一的品种、栽培模式、销售渠道，生产中乱用化肥、农药、植物生长调节剂等，已造成土壤肥力、果实品质、经济效益持续下降。解决上述问题已急在眉睫，须依靠政策支持，抓住机遇，引入资本，创新思路，不断突破，引进良种，调整结构，转变观念，典型带动，才能使南方葡萄产业规模科学转型，引领发展。

　　我国是葡萄发源地之一，对野生葡萄种质资源的利用已有悠久历史，新老育种家一方面充分利用已有的丰富资源培育新品种，另一方面通过采用物理、化学等方法诱变创造新种质。据不完全统计，21世纪以来，已培育出150余个新品种，为我国葡萄产业的可持续发展作出了巨大贡献。本书中仅介绍了我国自主育成的67个新品种，供种植者参考。但由于我国长江以南地区地域辽阔，生态环境各异，因此，书中介绍的优质、高效栽培技术，须酌情采用。

　　编者于20世纪80年代末以来，一直致力于葡萄研究。总结和回顾我国南方葡萄产业的发展历程，分析目前的生产状况和市场需求，以及葡萄产业存在的问题和不足，将国外优质生产新技术融入到本书中，同时，编入富有葡萄栽培经验的种植者的成功经验。本书简要描述我国葡萄品种特点与生物学特性，全面介绍了苗木繁殖与高接换种技术，葡萄园的建立，土、肥、水管理，整形修剪，花、果管理及植物生长调节剂的应用，主要病虫害防治，自然灾害及防御，以及葡萄采收与产后处理等技术；同时介绍了"阳光玫瑰葡萄优质高效栽培技术"及"夏黑无核当年栽植当年丰产技术"。

本书在编著过程中，山西省农业科学院果树研究所唐晓萍研究员、上海市农业科学院园艺研究所蒋爱丽研究员、中国科学院北京植物园范培格研究员、中国农业科学院郑州果树研究所刘崇怀研究员、河北省农林科学院昌黎果树研究所赵胜建研究员、河北科技师范学院项殿芳教授、北京市农林科学院林业果树研究所徐海英研究员、浙江省农业科学院园艺研究所吴江研究员、新疆维吾尔自治区葡萄瓜果研究所骆强伟研究员、沈阳农业大学园艺学院郭修武教授、沈阳市林业果树研究所赵常青研究员等提供了葡萄品种的文字介绍与图片，给予了大力支持；湖南农业大学园艺园林学院果树学硕士研究生刘路、吴胜等同学在编辑上给予了大力支持。本书汲取了国内、外同行专家的研究成果，参考并引用了有关论著中的资料。在此对各位同仁及作者表示最诚挚的谢意！

由于作者经验不足，知识有限，书中不妥之处在所难免，恳请各位专家、学者、读者不吝赐教。

编　者

目　录 Contents

第12章　葡萄园自然灾害的防治　　213

第13章　葡萄采收与采后处理　　225

第14章　阳光玫瑰葡萄优质高效栽培　　235

第 1 章

概 述

一、南方葡萄生产的特点与发展趋势

我国南方地区是改革开放以来葡萄发展最快的产区。1978年南方葡萄栽培总面积约为 0.18 万 hm^2。目前南方葡萄栽培面积与产量分别占到全国总面积和总产量的 25% 和 26% 左右，葡萄种植已形成产业规模，葡萄栽培管理技术在全国处于较高水平。

我国南方葡萄产业发展迅速的原因及优势主要有以下几个方面：

1. 成熟早，冬季无需埋土越冬 我国南方属于温带与亚热带季风气候，水资源丰富，年均气温 17℃ 以上，年降水量 900mm 以上，有效积温 5 500℃ 以上，比北方高，葡萄成熟时间较北方早，错开了北方葡萄上市的高峰，有利于抢占早期市场。冬季气温高，葡萄生产无需埋土越冬。

2. 葡萄生产见效快、收益高 葡萄第一年栽种，第二年即可结果，并能获得每 $667m^2$ 达 1 000kg 的产量，第三、四年即可进入盛果期，每 $667m^2$ 产量达到 2 000kg 以上，葡萄生产见效快，收益高。近年来，南方地区先后出现了许多第一年栽植，第二年结果，第三年丰收的典型案例，种植葡萄已成为脱贫致富的一种好项目。

3. 栽培技术的提高导致品种格局多元化 避雨栽培、限产栽培、架型改造、覆盖垄栽与根域限制等栽培新技术的研发，观光休闲、二次结果等技术理念的迅速普及，尤其是设施避雨栽培综合技术的大面积推广，使南方地区的葡萄产量与质量均有了新的飞跃。南方鲜食葡萄品种也从以往巨峰占绝对主导地位的品种格局向多元化发展。

4. 一年两收栽培模式 南方大部分地区为大陆性中亚热带季风湿润气候，具有光、热、水资源丰富，年平均气温与活动积温高，无霜期长，光照时间长等特点，使葡萄一年两收具备了得天独厚的条件。广西南宁等地利用破眠剂单氰胺打破葡萄休眠，一年内收获生育期完全不重叠的两茬产量，果农可增加 1 倍以上的收入。由于南北气候的差异，南方的葡萄第一次果比北方提早 1 个月上市，而第二次果可在 11 ~ 12 月供应，市场前景非常广阔。

5. 特色葡萄品种加工与综合利用 南方特色葡萄品种资源丰富，可对特色野生葡萄资源进行加工与综合利用。如湖南利用刺葡萄酿制刺葡萄酒、加工刺葡萄汁、提取葡萄籽油、从果皮中提取原花青素与白藜芦醇。广西利用毛葡萄酿制的毛葡萄酒等已成为当地的特色产品。

二、南方葡萄产业发展历程与趋势

1. **南方葡萄产业发展现状** 我国长江以南地区栽培葡萄的主要省份有湖南、湖北、四川、广西、云南、江西、浙江、福建、广东、贵州、上海，是改革开放以来发展最快的葡萄产区，面积和产量如表1-1所示。目前，南方葡萄种植已形成产业规模，葡萄栽培管理技术在全国处于较高水平。

表1-1 南方主要省份（2017年）葡萄生产基本情况

地区	面积（万hm²）	产量（万t）
湖南	3.78	70.18
湖北	1.67	30.84
四川	3.23	61.90
广西	3.39	54.96
云南	3.78	70.18
浙江	3.33	85.00
福建	1.18	26.40

2. **湖南省葡萄产业发展现状**

（1）**基本情况** 湖南属于我国中部地区，东临江西，西接重庆、贵州，南毗广东、广西，北连湖北。湖南省具有独特的地理及气候条件，野生葡萄资源广泛存在，已形成全国最大的刺葡萄产区，特别是"中国南方葡萄沟""中国刺葡萄之乡"，"湘珍珠"刺葡萄被认定为"国家地理标志保护产品"，刺葡萄在全国也就有了一定的品牌影响力和知名度。

湖南省葡萄栽培历史悠久，同时，对葡萄栽培的研究一脉相承。20世纪50～70年代，柳子明教授引导农民种植康拜尔早生、白香蕉、康太等葡萄品种，开创了湖南省葡萄良种种植先河，并引种了北醇、公酿2号、白羽等酿酒葡萄品种。80年代研究葡萄资源和欧美杂种葡萄栽培技术的魏文娜教授，推广引种了巨峰、先峰、红富士、红瑞宝、黑奥林、红蜜、国宝、龙宝等品种，同时也引种了奖赏、玫瑰露、碧绿珠等欧美杂种品种。
21世纪初，石雪晖教授团队攻克了欧亚种葡萄在南方（尤其是湖南省）高温高湿条件下病虫害为害严重的问题，研究出整套避雨栽培技术并推广，促进了湖南省葡萄产业的升级。2007年，湖南澧县万亩*葡萄栽培区域被誉为"南方的吐鲁番"，中央电视台第七套节目曾播出专题片《南方吐鲁番》。2014年南方葡萄科技创新论坛在湖南澧县召开，新品种、新技术的展示与示范进一步推动了南方葡萄的发展。

葡萄在湖南省的上市时期比北方早15～30天，是近20年来湖南省发展速度最快的果树种类之一，也是比较经济效益最好的果树种类之一，在湖南省的农业产业结构调整中起着重要作用。据湖南省农业厅统计，至2017年底，葡萄栽培面积达3.78万 hm^2，年总产量达到70.18万 t。鲜食栽培面积2.67万 hm^2以上，欧美杂交种占50%左右，主要为夏黑无核、巨峰、户太8号、甬优1号、阳光玫瑰等。欧亚种葡萄栽培面积1.07万 hm^2，以红地球、红宝石无核、温克、维多利亚等为主栽品种。栽培方式主要以避雨栽培为主。全省葡萄年产值近37.22亿元。

（2）区域布局　湖南葡萄产业经过多年的发展，逐步形成了4个各具特色且区域化明显的集中产区：湘西北（常德市、益阳市、岳阳市、张家界市、湘西土家族苗族自治州）优质欧亚种葡萄避雨栽培区，湘南（衡阳市、郴州市、邵阳市、娄底市、永州市）巨峰系葡萄鲜食栽培区，湘西（怀化市）优质特色刺葡萄栽培区，湘中（长沙市、湘潭市、株州市）高效城郊型观光葡萄采摘区。葡萄产业已成为当地的农业支柱产业，也成为高附加值的农业主导产业，实现了农业增效、农民增收、农村致富，为当地的社会、经济发展作出了巨大贡献。

（3）品种结构　长沙市主要发展以城郊观光采摘为主的葡萄园，现有欧亚种葡萄栽培面积333.3hm^2，总产量0.42万 t；欧美杂种葡萄栽培面积1 100hm^2，总产量1.62万 t，主要品种为阳光玫瑰、夏黑无核、户太8号、摩尔多瓦、巨玫瑰、甲斐乙女、黑巴拉多、爱神玫瑰、香妃、甬优1号、红地球、红宝石无核等。

常德市主要是以澧县为主的欧亚种葡萄主产区，栽培品种有红地球、维多利亚、红宝石无核、美人指、森田尼无核、比昂扣、优无核、京亚等，也种植阳光玫瑰、夏黑无核、户太8号、高妻、醉金香等欧美杂种品种。欧亚种葡萄栽培面积3 560.0hm^2，总产5.83万t；欧美杂种葡萄种植面积746.7hm^2，产量1.06万t。常德市葡萄种植总面积4 306.7hm^2，总产6.89万t。由原来以栽植红地球、美人指、红宝石无核为主转变为以阳光玫瑰为主，而且产品供不应求。

衡阳市现有葡萄面积4 640hm^2，主要分布在珠晖区、蒸湘区、祁东县、常宁市、衡阳县和衡南县等，其中以珠晖区栽培面积最大，约占总面积的1/3。主栽品种为巨峰、红瑞宝，占总面积的50%左右；其次是藤稔和红富士等欧美杂交种，占总面积的10%左右。此外，还有少量的红地球、美人指、温克、红宝石无核等欧亚种，占总面积的5%左右。2017年产量5.97万t左右，年产值4.11亿元以上。珠晖区酃湖乡部分棚架未控产栽培园丰产年份单产达到3t以上，亩产值上万元。

怀化市是以东亚种刺葡萄种植为主，如中方县刺葡萄面积达334hm^2；欧亚种葡萄主要是红地球、红宝石无核、美人指等品种；欧美杂种葡萄主要是巨峰等品种。

根据2017年湖南省、农业厅统计数据，益阳、株洲、湘潭、邵阳、郴州、永州、娄底等市是以欧美杂种葡萄种植为主，主栽是巨峰系品种；岳阳是以欧亚种葡萄种植为主，主栽红地球、红宝石无核、美人指等品种；张家界、湘西以种植巨峰、夏黑无核为主。

3. 湖北省葡萄产业发展现状

（1）**基本情况**　湖北是我国葡萄主要产区之一，也是我国早、中熟鲜食葡萄主产区之一。葡萄在湖北省所有水果中产量和面积仅次于柑橘、桃、梨，位列第四位，是湖北主要栽培果树。从湖北省葡萄的种植情况来看，以生产鲜食品种为主，近年来，随着城郊休闲产业的发展及市场需求的发展，设施（避雨、促成）栽培规模逐渐扩大，生产优质高档葡萄果品逐渐增多，优良品种夏黑无核、阳光玫瑰面积逐渐增大，但主产区公安县、随县等仍然以中低端市场为主。到2017年，湖北省葡萄种植面积达1.67万hm^2，产量30.84万t，平均每667m^{2}产量达1 227kg，总产值22亿元。

（2）**区域布局**　湖北葡萄分为4个产区，即鄂北产区、平原产区、鄂东产区、鄂西南产区。鄂北产区包括随县、钟祥、枣阳等县（市），以露地种植巨峰、夏黑无核等品种为主，其中以随县的尚市镇最为集中，2017年该县面积和产量分别达到1 124hm^2、9 392t。平原产区包括公安、潜江等县（市），设施（避雨、促早）栽培或露地栽培藤稔、夏黑无核、红地球等品种。其中以公安县埠河镇面积最大，2017年公安县葡萄面积3 440hm²，产量12.3万t；其次是潜江市，葡萄面积1 061hm²，产量2.97万t。鄂东产区包括阳新、通山、红安、麻城等县（市），以设施避雨种植夏黑无核等品种为主。鄂西南产区包括建始、恩施、巴东等县（市），以露地种植关口葡萄为主，以建始县花坪镇最为集中，2017年该县葡萄面积548hm²，产量3 228t。

（3）**品种结构**　湖北省葡萄栽培面积最大的品种是藤稔，其次是巨峰、夏黑无核、红地球、关口葡萄。另外，阳光玫瑰、京亚、醉金香、甬优1号、户太8号、无核白鸡心、维多利亚、巨玫瑰、摩尔多瓦、金手指等都有少量种植。其中，藤稔、巨峰、夏黑无核、红地球4个品种的种植面积占全省葡萄总面积的85%以上。藤稔葡萄在土壤比较肥沃的江汉平原的公安、荆州等县（区）种植较多；巨峰葡萄多在鄂北随县、襄阳等地露地栽培；夏黑无核是湖北省近年发展最快的品种，全省新建葡萄园多选择该品种；红地球葡萄主要分布在江汉平原的潜江、公安、仙桃等地；关口葡萄主要分布在建始、恩施等地；阳光玫瑰、金手指、醉金香、巨玫瑰等主要种植在城郊休闲观光葡萄园。

4. 四川省葡萄产业发展现状

（1）**基本情况**　据统计，2017年四川省葡萄种植面积约3.23万hm²，其中鲜食葡萄约3.06万hm²，酿酒葡萄约0.17万hm²；葡萄总产量约61.9万t，其中鲜食葡萄约58.1万t，酿酒葡萄约3.8万t。在攀枝花米易等地，无核白鸡心、夏黑无核等品种发展较快，这些早熟无核品种在6月上、中旬就可以上市，该地区也已成为四川著名的早熟葡萄产地。西昌是我国最大的克瑞森葡萄优势产地，克瑞森葡萄成熟期晚，10月下旬至11月下旬为成熟采收期，这个鲜食葡萄产品供应档期在国内独一无二。鲜食葡萄的集中产区位于龙泉驿、西昌、双流、新津、邛崃、崇州、大邑、新都、郫县、金堂、彭山、丹棱、米易、华蓥、涪城、雁江等地；酿酒葡萄基地主要位于小金、金川、茂县、理县、得荣、乡城、丹巴、仁和等地。

（2）**区域布局**　以成都龙泉山脉一带为中心的盆地内产区巨峰葡萄栽培集中，绝大部分葡萄园均为露地栽培模式。以成都市郊双流永安、新津安西、崇州杞泉、大邑韩场、新都新民、金堂赵家等地为核心的都市葡萄观光园产业带近年来发展迅速，经营效益好，一三产业结合紧密。以西昌为代表的安宁河谷区是四川优质早熟与特晚熟葡萄生产基地，区内海拔高，光照好，昼夜温差大，生长期长，花芽分化好，葡萄综合品质特别突出，葡萄栽培净效益每667m²3万～4万元，经济效益指标位居国内前茅。

（3）品种结构 四川葡萄主栽品种有巨峰、夏黑无核、红地球、克瑞森、阳光玫瑰，此外各地还种植了无核白鸡心、美人指、金手指、醉金香、比昂扣、维多利亚、玫瑰香等品种。巨峰、夏黑无核、阳光玫瑰主要集中在龙泉驿、双流、彭山、新津、金堂、新都、大邑等地，栽培面积分别约为2万hm²、0.33万hm²和0.13hm²；红地球主要集中在双流、彭山、金堂、西昌、崇州等地，栽培面积约0.12万hm²；克瑞森主要集中在西昌、冕宁、德昌安宁河流域一带，栽培面积约0.23万hm²。

5. 广西壮族自治区葡萄产业发展现状

（1）基本情况 随着广西农业科学院葡萄一年两收栽培技术的推广应用，广西葡萄产业得到了迅猛的发展，广西也由传统葡萄种植次适宜区转变为我国特殊优势种植区。同时也是我国进行葡萄一年两收栽培推广应用最早、面积最大的区域，并幅射带动了多省区推广应用，所取得的成绩得到了全国同行业葡萄专家的高度认可。根据广西农业厅统计数据，2017年全区葡萄栽培总面积3.39万hm²，占水果总面积的2.59%；全区葡萄总产量54.96万t，占水果总产量的3.23%；全区葡萄总产值43.4亿元。2017年广西葡萄投产面积2.86万hm²，平均每公顷产量19.22t，平均每公顷产值15.17万元。

广西从20世纪80年代初引进巨峰，为葡萄在桂北地区推广打下了基础。80年代末至90年代末广西葡萄产业起伏发展。从1997年开始，兴安农业科学研究所在自治区农业厅的支持下，针对桂林雨水多，开展葡萄避雨栽培和果实套袋试验，并开始引种抗病性弱的欧亚葡萄品种，取得很好的示范效果。进入21世纪，广西大力推广葡萄避雨栽培，使抗病性弱的欧亚葡萄品种红地球、美人指、维多利亚等在广西迅速发展。2005年，随着两收栽培技术研究成功与推广，广西葡萄种植进入了快速发展期。

（2）区域布局 近年随着葡萄一年两收技术的推广，主要形成了桂北两代同堂和桂南两代不同堂的两收栽培模式。桂北模式产区主要分布在桂林、河池、柳州等地，桂南模式主要分布在南宁、崇左、百色、玉林等地。桂林是广西最早种植葡萄的地区，也是广西鲜食葡萄最大产区。2017年桂林葡萄栽培面积、产量和产值位列第一；河池栽培面积第二，产量、产值排第三，以种植毛葡萄为主。桂林、柳州、河池葡萄面积占全区的82.96%，产量占全区的87.46%，产值占全区的87.47%。

（3）品种结构 广西葡萄面积约76%、产量约94%为鲜食葡萄，毛葡萄和其他用于酿酒的面积约24%、产量约6%。早熟品种主要有夏黑无核、维多利亚等，中熟品种主要有巨峰、阳光玫瑰、意大利、比昂扣、凌丰等，晚熟品种主要有温克、红地球、美人指、毛葡萄等。

6.云南省葡萄产业发展现状

（1）基本情况 据统计，2017年末云南葡萄栽培面积4.15万 hm^2，其中鲜食葡萄3.62万 hm^2，酿酒葡萄0.53万 hm^2；总产量98.0万t，其中鲜食葡萄93.3万t，酿酒葡萄4.7万t；鲜食葡萄平均每667 m^2 产量1.5t，平均每667 m^2 产值1.5万元，最高的每667 m^2 产量可达4t以上，最高每667 m^2 产值突破10万元；酿酒葡萄结果园平均每667 m^2 产量600kg，平均每667 m^2 产值约4 000元。2017年云南鲜食葡萄总产值139.95亿元，酿酒葡萄1.88亿元及加工产值8.50亿元，总产值达到150亿元。

（2）区域布局 云南葡萄栽培最集中的区域是金沙江、红河、澜沧江、怒江、南盘江等流域，主要分布在海拔500～2 000m，但在德钦、维西等县最高已分布到2 800m以上。云南葡萄产业发展已形成几个产业带，其中鲜食葡萄分为早熟葡萄栽培产业带、中熟葡萄栽培产业带和晚熟葡萄栽培产业带。早熟葡萄栽培产业带包括金沙江流域的元谋、宾川、永胜、华坪、永善、巧家、东川，红河流域的蒙自、建水、元阳县、开远市、红河县、元江县；中熟葡萄栽培产业带包括文山、丘北、砚山、永仁、大姚、南华、禄丰、红塔、通海、江川、弥渡、祥云、弥勒、泸西；晚熟葡萄栽培产业带包括富民、嵩明、石林、麒麟、陆良、昭阳、鲁甸及丽江、保山等地。

酿酒葡萄也形成了几个产业带：弥勒—文山产业带，以云南红高原葡萄酒业、太阳魂葡萄酒业为主，面积约4 000 hm^2。德钦产业带，以香格里拉酒业为主，发展高原冰葡萄酒加工，面积1 333.33 hm^2。楚雄—南华—大姚产业带，为加工型葡萄种植最有潜力的产区，面积1 333.33 hm^2。昆明—东川产业带，酿酒葡萄原料产区，面积333.33 hm^2。

（3）品种结构 历史上栽培的主要品种有黑虎香、水晶、亚历山大等。自20世纪80年代初以来，巨峰、红富士、无核白鸡心、红地球等一系列鲜食品种陆续引入云南，截至目前，云南全省先后从全国各地引进鲜食和酿酒葡萄品种达到150个左右，其中酿酒品种超过20个。经过筛选，现在主要种植鲜食品种为红地球、夏黑无核、阳光玫瑰、无核白鸡心、克伦生、水晶，2017年栽培面积42%为红地球，45%为夏黑无核，13%为其他品种，其中阳光玫瑰发展面积逐步增加，达到667hm²；酿酒品种为赤霞珠、玫瑰蜜、蛇龙珠、白羽、梅麓辄、烟73等。

7. 存在问题

（1）品种结构不合理 我国栽培葡萄主要品种仍为巨峰系，欧亚种葡萄以红地球为主，单一品种短期内发展较快，如阳光玫瑰。其他新品种虽有一定的发展但比例偏小。早、中、晚熟品种搭配不合理，成熟期过于集中，主要集中在6月中旬至8月中旬，出现季节性相对过剩，形成销售高峰，价格波动较大，抗市场风险能力薄弱，难以均衡满足市场需求。

（2）科技投入严重不足 世界农业科研投入占农业总产值的比重平均为1%，一些发达国家已超过3%，而我国仅占0.3%左右。南方地区果业科技投入，特别是对葡萄新品种的引进、选育，新技术的开发、应用，苗木基地建设，果实包装、贮藏和加工等方面严重不足，极大地影响了基础研究和应用研究，影响了科技成果转化，制约了葡萄产业的发展。

（3）果品采后商品化处理与深加工亟待发展 葡萄先进生产国鲜食葡萄都经机械化分级与包装后，再投放市场，而我国鲜食葡萄商品化处理比率低，仅占总产量的8%～10%。南方各省份的葡萄采后商品化处理更显薄弱，贮藏保鲜和冷链流通困难。葡萄深加工方面，大多是行家庭式的作坊生产，规模很小，南方地区葡萄酒酿制业、葡萄汁加工业、种子及果皮深加工业才刚刚起步，葡萄的其他加工仍为空白。

（4）葡萄栽培管理机械化水平低 南方平原区域的农业机械化水平都较低，随着葡萄生产劳动力成本的大幅度增加，致使葡萄生产效益大幅下降。山地丘陵葡萄园道路崎岖，小型、微型农用机械都无法正常抵达，适用于平原区域的农业机械更难以发挥作用，导致山地丘陵葡萄园机械化作业难度大大高于平原地区，生产管理劳动强度大，生产效率低。

（5）葡萄生产成本增加 农资大幅涨价，生产成本大增，葡萄产业的发展受影响。同时，葡农老龄化、素质偏低和劳动力成本增加。据调查，近年来南方地区外出打工人员增多，农村劳动力缺乏，从事葡萄生产的果农年龄普遍偏高、素质偏低。

8. 发展趋势

（1）由传统生产方式向现代生产方式转变，科技力量逐步体现 现阶段南方地区葡萄产业仍处于结构调整阶段，产业规模继续保持稳步发展，在稳定产量的同时，果实品质逐步提高。随着科技的不断发展，葡萄生产由数量效益型向质量效益型转变，由劳动密集型向依靠技术的不断创新、节本高效、智能化、信息化转变，实行科学的控产提质，标准化、数字化生产，实行科学的生产管理和市场营销，支撑产业发展，增强竞争力，是今后产业发展的方向。

（2）由单一竞争向综合竞争转变，区域优势逐步显现　随着葡萄产品越来越丰富，市场竞争越来越激烈，产业发展与竞争由单一竞争向综合竞争转变，由单一产业向优势产业转变，产业发展与竞争必须整合人才、资源、政策、设施、设备、市场等各方面的资源，增加市场竞争力，推动产业的发展。

（3）由粗放栽培向标准化栽培转变，设施栽培异军突起　目前葡萄已从单纯的露地栽培发展到露地栽培与设施栽培（促成栽培、延后栽培及避雨栽培等多种形式）并存。葡萄设施栽培的发展，不仅扩大了栽培区域，延长了果品上市供应期，而且显著提高了葡萄产业的经济效益。设施葡萄栽培面积将进一步增加，其中促成栽培和避雨栽培面积必将大幅增加，延迟栽培区将迅速扩展。

（4）由传统农业向"两型"农业转变　葡萄生产已由传统的模式向资源节约型、环境友好型模式转变，如从传统清耕向生草栽培、生态养殖方向转变，从大水大肥向控水控肥方向发展。葡萄产业正通过科学规划，品种的区域化布局，栽培模式的更新，栽培新技术的应用，循环农业技术的推广，合理协调葡萄生产与环境、资源的矛盾，逐步向"两型"农业转变。

（5）由初级产品向高附加值产品转变　随着葡萄产业不断走向成熟，产业链中各个环节不断加强，采后储藏能力得到很大提高。随着加工产业化水平的提高，逐步形成了一大批葡萄生产、销售和加工的龙头企业，对葡萄的产业化经营发挥了引领作用。此外，随着城镇化进度加快，城市人口持续高速增长，给葡萄都市休闲观光产业带来了巨大商机，促进了现代化标准葡萄园的蓬勃发展，葡萄产品不再局限于葡萄鲜果、葡萄酒，现已开发出葡萄盆栽、葡萄茶、葡萄果汁等多种产品，使葡萄产业由初级产品向高附加值产品转变。

（6）由大园生产向精品生产发展　随着城市周边都市休闲旅游以及休闲农业的发展，葡萄已成为城市周边各类休闲山庄、农庄必种的果树，但面积规模与采摘园、观光园相比较小，一般为 $1.3 \sim 3.3hm^2$，且呈现出"一新、三高"的特点，即品种新奇、建园的成本高、管理水平高、售价高。

（编者：王美军）

第**2**章
我国近年选育的葡萄优良品种

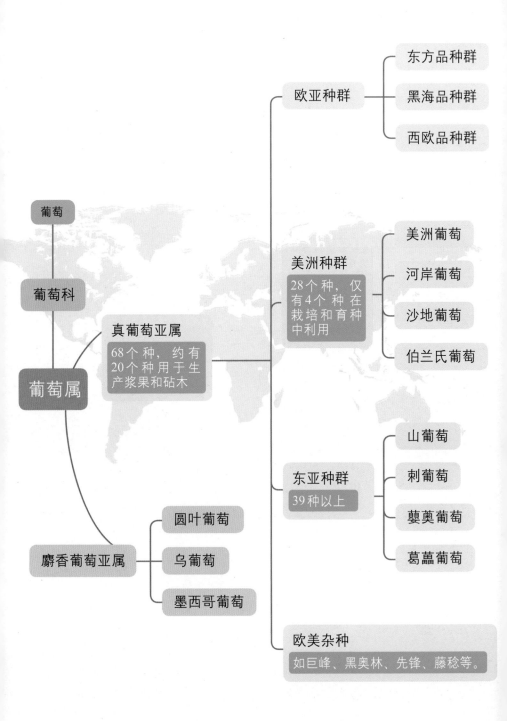

葡萄

葡萄科

葡萄属

真葡萄亚属
68个种，约有20个种用于生产浆果和砧木

欧亚种群
- 东方品种群
- 黑海品种群
- 西欧品种群

美洲种群
28个种，仅有4个种在栽培和育种中利用
- 美洲葡萄
- 河岸葡萄
- 沙地葡萄
- 伯兰氏葡萄

东亚种群
39种以上
- 山葡萄
- 刺葡萄
- 蘡薁葡萄
- 葛藟葡萄

麝香葡萄亚属
- 圆叶葡萄
- 乌葡萄
- 墨西哥葡萄

欧美杂种
如巨峰、黑奥林、先锋、藤稔等。

沪培2号

分　类　欧美杂种，早熟品种。

来　源　上海市农业科学院于1995年开始以杨格尔×紫珍香杂交和胚挽救选育而成，2007年通过品种认定。

品种特性　植株幼叶浅紫红色；成熟叶片大，心脏形。嫩梢浅红色；成熟枝条黄褐色，节间较长。果穗圆锥形，中等紧密，果粒长椭圆形或鸡心形，果皮深紫红色，果肉中等硬，可溶性固形物含量15%～17%，风味浓郁。上海地区7月中下旬果实成熟。

技术要点　该品种树势强旺，适应性强，成花容易。栽培时宜进行2次生长调节剂

处理，第1次一般在盛花末期用15～20mg/L赤霉素浸花穗，第2次间隔10d左右，用30～50mg/L赤霉素再浸果穗1次。

朝霞无核

分　类　欧美杂种，早熟品种。

来　源　河南省焦作市农林科学研究院、中国农业科学院郑州果树研究所以京秀×布郎无核杂交选育而成，2014年通过品种认定。

品种特性　该品种平均穗重580.0g，最大穗重1 120.9g；果粒着生中度紧密，圆形，平均粒重2.28g；果皮粉红色，果粉薄，果皮略有涩味；果汁中等多，有淡玫瑰香味，可溶性固形物含量16.9%左右。萌芽至浆果成熟约110d。

技术要点　植株生长势中等，丰产性强。

果实外观美，风味好，但不耐贮运。栽培时果穗控制在500～600g，每667m²产量控制在1 500～1 750kg。

郑艳无核

分　类　欧美杂种，早熟品种。

来　源　中国农业科学院郑州果树研究所和河南商水县农业局于2003年以京秀×布郎无核杂交选育而成，2014年通过品种认定。

品种特性　果穗圆锥形，平均穗重618.3g；果粒着生中等紧密，椭圆形，平均粒重3.1g；果皮红色，果粉薄，无涩味；果汁中等多，有草莓香味，可溶性固形物含量19.9%左右。河南郑州地区，7月中下旬果实充分成熟。

技术要点　该品种树势较强，抗病性强，丰产、稳定，一般每667m²产果2 400kg左右，应控产在1 500kg左右。多雨季节应预防果实裂果。花序大，开花前应进行花序整理，以改善果穗外观。冬季以中、短梢修剪为主。

无核翠宝

分　类　欧亚种，早熟品种。

来　源　山西省农业科学院果树研究所选育，亲本为瑰宝×无核白鸡心，2011年通过品种认定。

品种特性　植株幼叶浅紫红色；成熟叶片近圆形，中等厚。嫩梢黄绿色带紫红；成熟枝条淡黄色。果穗圆锥形，平均穗重345g；果粒着生中等紧密，倒卵圆形，平均粒重3.6g；果皮薄，黄绿色；果肉脆，具玫瑰香味，可溶性固形物含量17.20%。萌芽至果实成熟105d左右。

技术要点　该品种生长势强，成花容易，长、中、短梢及极短梢修剪均可，产量一般每667m²应控制在1 000kg左右。

早康宝

分　类　欧亚种，早熟品种。

来　源　山西省农业科学院果树研究所以瑰宝×无核白鸡心杂交选育而成，2008年通过品种认定。

品种特性　植株幼叶浅紫红色；叶片近圆形，中等大小，中等厚度。嫩梢黄绿色带紫红；成熟枝条淡黄色。果穗圆锥形，平均穗重216g；果粒着生紧密，果粒为倒卵形，平均粒重3.1g。果皮紫红色、薄、脆。果肉脆，具清香和玫瑰香味，酸甜爽口、品质上等，可溶性固形物含量为15.1%，萌芽至果实成熟需115d。

技术要点　该品种长势中庸，成花容易，极易丰产，每667m² 产量应控制在1 000～1 500kg。在盛花期和花后10d，分别用30mg/kg赤霉素处理1次，可使果粒增大，提高无核葡萄的商品性。

天工墨玉

分　类　欧美杂种，早熟品种。

来　源　浙江省农业科学院从夏黑芽变中选育的新品种，2017年通过品种认定。

品种特性　果穗圆锥形，平均穗重597.3g左右；果粒近圆形，自然粒重3.0～3.5g，经赤霉素处理后平均粒重6.7g；果皮蓝黑色、厚而脆，无涩味；果肉硬脆，无肉囊，肉质细腻，风味浓，酸甜可口，可溶性固形物含量18.0%～23.1%，品质上等。不裂果。萌芽至浆果成熟约105d。

技术要点　适宜pH6.0～7.5的土壤，一般栽植株行距为2m×（2.5～4.0）m，小环棚避雨设施栽培，株行距1m×2.5m，平棚架大棚栽培，株行距1.2m×3.0m。以单十字"飞鸟"形架和水平棚架2种弯形模式为主。

红标无核

分　类　欧美杂种，早熟品种。

来　源　河北省农林科学院昌黎果树研究所选育，亲本为郑州早红×巨峰。2004年通过品种认定。

品种特性　果穗圆锥形，平均穗重200～300g；果粒着生较紧，椭圆形，果皮紫黑色，平均粒重4g；果粉中等厚；果肉较脆，可溶性固形物含量15.4%以上，品质上等。

技术要点　该品种生长势强。熟期比巨峰早30d左右。宜小棚架栽培，及时摘心、疏花、疏果，严格控制负载量，每667m^{2}产量控制在1 500kg左右。

沈香无核

分　类　欧亚种，早熟品种。

来　源　沈阳农业大学从早熟品种87-1自交后代中选育而成，2015年获得新品种认定。

品种特性　植株幼叶浅绿色；成龄叶片较大，近圆形，中等厚。嫩梢绿色；成熟枝浅褐色。果穗圆柱形，平均穗重226g；果粒椭圆形，平均粒重3.7g；果皮紫黑色，中等厚；果肉硬度中等，味甜，玫瑰香味浓郁，可溶性固形物含量20.5%。萌芽至果实成熟115d。

技术要点　该品种生长势强，抗病性较强，早果性及丰产性良好，品质上等。中、短梢修剪。注意疏花疏果，每667m^{2}产量控制在1 500kg左右。

沪培1号

分　类　欧美杂种，中熟偏早。

来　源　上海农业科学院于1990年以喜乐×巨峰杂交和胚挽救选育而成，2006年通过品种认定。

品种特性　果穗圆锥形，平均穗重400g左右；果粒着生中等紧密，椭圆形，平均粒重5.0g，最大粒重6.8g；果皮淡绿色或绿白色，冷凉条件下表现出淡红色，果皮中厚，果粉中等多，肉质致密，可溶性固形物含量15%～18%，品质优。长沙地区8月上旬果实成熟。

技术要点　适宜于巨峰适栽区域栽种。采用棚架整形，中梢修剪为主。生长季节宜进行多次摘心，以缓和树势，提高花芽形成和结实能力。为达到增大果粒的效果，栽培中须采用低浓度赤霉素处理2次。每667m²产量控制在1 000kg左右为宜。抗病性强。不脱粒、不裂果。

天工翡翠

分　类　欧美杂种，早中熟品种。

来　源　浙江省农业科学院选育，亲本为金手指×鄞红，2017年通过品种认定。

品种特性　果穗圆柱形，穗重400～600g；果粒着生中等紧密，椭圆形，果粉薄，果皮薄、黄绿色带粉红色晕，果皮不易剥离，自然粒重2.6～3.1g，经赤霉素1次处理后平均粒重5.2g。果肉汁液中等多，质脆，具有淡哈蜜瓜香味，可溶性固形物含量18.5%左右。

技术要点　该品种树势强，可采用稀植大树冠整形，冬季可进行短梢修剪。开花前应进行花序整形，留穗尖8～10cm。宜一次性保果处理，忌二次膨大，时间在100%开花后2～3d内进行，以20～25mg/L赤霉素浸花序改善果穗外观，长势过旺的树可加2mg/L氯吡脲。具有良好的发展前景。

月光无核

分　类　欧美杂种，极早熟品种。

来　源　河北省农林科学院昌黎果树研究所于1991年以玫瑰香×巨峰杂交育成，2009年通过新品种认定。

品种特性　穗重500～800g，果穗整齐度高；果粒近圆形，平均粒重9.0g；果皮紫黑色，极易着色且均匀一致；果肉较脆，口感甜，具有草莓香味，可溶性固形物含量19.5%～21.9%。在湖南长沙地区8月初成熟。

技术要点　该品种生长势强，结实力极强，副梢结实力强，副梢果枝比率70%以上，易二次结果。根系发达，抗逆性强，对土壤类型要求不严格，适宜在沙质壤土栽植。每667m²产量控制在1 600～1 800kg为宜。

沪培3号

分　类　欧美杂种，中熟品种。

来　源　上海市农业科学院于1996年以喜乐×藤稔杂交和胚挽救选育而成，2014年通过品种认定。

品种特性　植株幼叶浅绿色略带红晕；成龄叶大，心脏形。嫩梢黄绿色；成熟枝红褐色。果穗圆柱形，中等紧密；果粒椭圆形，果皮紫红色，果肉软，质地细腻，可溶性固形物含量16%～19%，口感佳。在避雨栽培条件下，上海地区4月上旬萌芽，8月上中旬果实成熟。

技术要点　该品种树势强健，适应性强，丰产、稳产。果实成熟期比夏黑无核晚10d左右，栽培时一般需用赤霉素处理，在盛花末期用25～30mg/L的赤霉素浸花序，隔10～12d用相同浓度的赤霉素浸果穗。

晶红宝

分　类　欧亚种，中熟品种。

来　源　山西省农业科学院果树研究所选育，亲本为瑰宝×无核白鸡心，2012年通过品种认定。

品种特性　植株幼叶浅紫红色；成龄叶片近圆形，中大，平展。嫩梢黄绿色带紫红；成熟枝条淡红色；果穗圆锥形，平均穗重282g；果粒鸡心形，着生较松，平均粒重3.8g；果皮鲜红色，皮薄；果肉脆，可溶性固形物含量20.3%左右。萌芽至果实成熟130d左右。

技术要点　该品种生长势强，抗病性较强。果实对激素较为敏感，可通过处理来增大果粒，果粒黄豆大时，用赤霉素30mg/L速蘸果穗1次。每667m²产量控制在1 500kg为宜。

丽红宝

分　类　欧亚种，中熟品种。

来　源　山西省农业科学院果树研究所选育，亲本以瑰宝×无核白鸡心，2010年通过品种认定。

品种特性　植株幼叶黄绿色带紫红；叶片心脏形，中等大小，厚，5裂，上下裂刻极深，叶缘向上。嫩梢黄绿色；成熟枝条淡红色。果穗圆锥形，平均穗重300g；果粒着生中等紧密，鸡心形，单粒重3.9g；果皮紫红色，薄、韧；果肉脆，具玫瑰香味，可溶性固形物含量19.4%，品质上等。萌芽至果实成熟130d左右。

技术要点　该品种生长势中等，以中、长梢修剪为主。花后1周采用20～30mg/L赤霉素处理，平均果粒增大1～2g，注意加强肥水管理，在花芽分化时期及时控水施肥，促进花芽分化。

脆红宝

分　　类　　欧亚种，晚熟品种。

来　　源　　山西省农业科学院果树研究所，亲本为玫瑰香×克瑞森无核，2017年通过品种认定。

品种特性　　植株幼叶绿色带有红斑；成龄叶大，五角形。嫩梢黄绿有带状浅紫红色；成熟枝条淡红色。果穗圆锥形，平均穗重398g；果粒着生中等紧密，椭圆形，平均粒重4.5g；果皮紫红色，薄、韧；果肉脆，味甜，有残核1～2粒，品质上等，可溶性固形物含量21.2%左右。萌芽至果实成熟大概150d。

技术要点　　在栽培上宜采用V形架整枝或水平小棚架整枝方式。

金田皇家无核

分　　类　　欧亚种，晚熟品种。

来　　源　　河北科技师范学院和昌黎金田苗木有限公司于2000年以牛奶×皇家秋天杂交选育而成，2007年通过品种认定。

品种特性　　植株嫩梢浅红色；成龄叶近圆形，5裂，叶面绿色，叶背有稀疏刺毛。果穗圆锥形，平均单穗重915.0g；果粒着生较紧密，长椭圆形，平均粒重7.3g；果皮紫红色，中等厚；果肉较脆，风味酸甜，有清香味，品质上等，可溶性固形物含量19.60%左右。萌芽至果实成熟约164d。

技术要点　　该品种长势中庸，采用棚架或篱架栽培时，宜采用长、中、短梢混合修剪。每667m^{2}产量控制在1 500kg左右。

京焰晶

分　　类　欧亚种，极早熟品种。

来　　源　中国科学院北京植物园于1997年以京秀×京早晶杂交育成，2018年通过品种认定。

品种特性　嫩梢黄绿色；成熟枝黄褐色。果穗圆锥形，平均穗重426g；果粒着生中等紧密，卵圆或鸡心形，平均粒重3g；果皮红色，皮薄，果肉脆，味甜酸低，汁中等多，可溶性固形物含量16.8%；有残核1～2粒。萌芽至浆果成熟需98d左右。

技术要点　该品种生长势中等，抗病性强，早果性好，极丰产。可挂树贮藏（建议不超过40d)，且风味不变；促成栽培可提早上市。喜肥水，基肥宜多施有机肥，肥料有机质含量应在45%以上。每667m²产量控制在1 000～1 500kg。花后10～15d用50mg/L赤霉素处理一次果穗，可获得大果粒。

- -

晖红无核

分　　类　欧美杂种，极早熟品种。

来　　源　湖南农业大学与湖南省华容县金优葡萄专业合作社共同选育而成。2013年从夏黑无核芽变选育，2018年6月通过品种现场评议。

品种特性　植株幼叶乳黄至浅绿色，成龄叶片极大，近圆形。果穗与夏黑无核相似，多为圆锥形；果粒椭圆形，自然粒重3.0～3.5g，经赤霉素处理后，可达6～8g；果皮紫黑色，果粉厚，果皮较厚；肉质硬脆，果肉与汁液红色，可溶性固形物含量19.8%左右，甜酸适口，有浓郁的草莓香味。不易裂果、脱粒、耐贮

运。在华容县一般每年3月上、中旬萌芽，4月底前后完花，6月下旬果实成熟。

技术要点　该品种生长势较强，花芽较易形成，高接后第2年每667m²产量达750kg左右，第3年可达1 250～1 500kg。抗病性与夏黑无核相似，极少有溃疡病发生。南方由于梅雨季节长，宜采用避雨栽培。

金田蜜

分　　类　欧亚种，极早熟品种。

来　　源　河北科技师范学院和昌黎金田苗木有限公司于1996年以优良单株96-12（里扎马特×红双味）×优良单株94-08（凤凰51×紫珍珠）杂交选育而成，2007年通过品种认定。

品种特性　植株幼叶紫红色；成龄叶近圆形，黄绿色，叶缘下卷。果穗圆锥形，平均穗重422.1g；果粒椭圆形，平均粒重8.3g；果皮薄、脆，黄绿色；果肉较脆，汁多，浓郁清香味并含香蕉味，可溶性固形物含量18.0%左右。

技术要点　萌芽至果实成熟约90d。该品种生产中棚架和篱架栽培均可，以中、短梢修剪为主，丰产性强，注意疏花疏果，每667m²产量控制在1 500kg左右。

京蜜

分　　类　欧亚种，极早熟品种。

来　　源　中国科学院北京植物园于1997年以京秀×香妃杂交育成，2008年获得新品种认定。

品种特性　植株幼叶黄绿色；成龄叶心脏形，较小。嫩梢黄绿色；成熟枝黄褐色，节间短。果穗圆锥形，平均穗重373.7g，最大穗重617g；果粒着生紧密，扁圆形或近圆形，平均粒重7.0g；果皮薄，黄绿色；果肉脆，汁中等多，玫瑰香味，可溶性固形物含量17.0%～20.2%；种子2～4粒。萌芽至浆果成熟需95～110d。

技术要点　该品种生长势中等，抗病性较强，早果性好，丰产，品质上等。每667m²产量控制在1 500kg为宜。浆果可延迟采收，不掉粒、不裂果，耐贮运，货架期长。

早黑宝

分　类　欧亚种，早熟品种。

来　源　山西省农业科学院果树研究所于1993年以二倍体瑰宝×二倍体早玫瑰的杂交种子用秋水仙素诱变而成的新品种，2001年通过品种认定。

品种特性　植株幼叶浅紫红色；成龄叶小、厚，心脏形；嫩梢黄绿色带紫红；成熟枝条暗红色；果穗圆锥形，平均穗重426g；果粒着生较紧密，短椭圆形，平均粒重8.0g；果粉厚；果皮紫黑色，较厚、韧；果肉较软，完全成熟时有浓郁玫瑰香味，可溶性固形物含量16.8%，品质上等；种子多为1粒。从萌芽至果实成熟110d左右。

技术要点　该品种树势中庸，中、短梢混合修剪。在果实着色阶段，果粒增大特别明显，因此要注意着色前的肥水管理，另外，加强着色后的水分管理，防止土壤湿度变化剧烈造成裂果。在设施条件下品质更优，市场前景广阔。

玫香宝

分　类　欧美种，早熟品种。

来　源　山西省农业科学院果树研究所选育，亲本为阿登纳玫瑰×巨峰，2015年通过品种认定。

品种特性　植株幼叶绿色带有红斑；成熟叶五角形；嫩梢黄绿色带紫红；成熟枝条暗红色。果穗圆锥形，平均穗重230g，最大穗重460g；果粒着生紧密，短椭圆形或近圆形，平均粒重7g；果皮紫红色，较厚、韧，果皮与果肉不分离；果肉较软，味甜，具玫瑰香味和草莓香味，品质上等，可溶性固形物含量21.1%；种子2～3粒。萌芽至果实成熟110d左右。

技术要点　该品种生长势中庸，抗病性强，适应性强，可省力化栽培。该品种最主要的特点是具有玫瑰香味和草莓香味，风味独特，为优良欧美杂种四倍体葡萄新品种。

京香玉

分　　类　欧亚种，早熟品种。

来　　源　中国科学院北京植物园于1997年以京秀×香妃杂交育成，2008年获得新品种认定。

品种特性　植株幼叶黄绿色；成龄叶心脏形，较小；叶柄短于中脉。嫩梢黄绿色；成熟枝黄褐色，节间中等长，中等粗。果穗圆锥形，平均穗重463.2g，最大穗重1 000g；果粒着生中等紧密，椭圆形，平均粒重8.2g；果皮黄绿色，皮中等厚；果肉脆，汁中等多，玫瑰香味，可溶性固形物含量14.5%～15.8%；种子2～4粒。萌芽至浆果成熟需110～120d。

技术要点　该品种生长势中等，抗病性较强，早果性好，丰产，穗粒整齐美观，品质上等。成熟后可延迟2周采收，可溶性固形物含量继续增加，且风味更加浓郁。每667m^{2}产量控制在1 500kg为宜。不掉粒、不裂果，耐贮运，货架期长。

京翠

分　　类　欧亚种，早熟品种。

来　　源　中国科学院北京植物园于1997年以京秀×香妃杂交育成，2010年获得新品种认定。

品种特性　植株幼叶黄绿色；成龄叶心脏形。嫩梢黄绿色，密被茸毛，成熟枝黄褐色，节间中等长，中等粗。果穗圆锥形，平均穗重447.4g，最大穗重800g；果粒着生中等紧密，椭圆形，平均粒重7.0g；果皮黄绿色，皮薄，果肉脆，汁中等多，可溶性固形物含量16.0%～18.2%；种子1～2粒。萌芽至浆果成熟需110～120d。

技术要点　该品种生长势中等，抗病性强，早果性好，丰产，品质上等。每667m^{2}产量控制在1 500kg为宜。可延迟采收，不掉粒、不裂果，耐贮运，货架期长。

京艳

分　类　欧亚种，早熟品种。

来　源　中国科学院北京植物园于1997年以京秀×香妃杂交育成，2015年获得新品种认定。

品种特性　植株幼叶黄绿色；成龄叶心脏形，中等大小，叶背中等密度茸毛；叶柄短于中脉。嫩梢黄绿色；成熟枝黄褐色，节间中等长，中等粗。果穗圆锥形，玫瑰红或紫红色平均穗重420g；果粒着生中等紧密，椭圆形，平均粒重7.2g；果皮与果肉不易分离；果肉脆，汁中等多，有玫瑰香味，可溶性固形物含量15%～17.2%；种子2～4粒。萌芽至浆果成熟需110～120d。

技术要点　适宜北方干旱、半干旱地区的露地栽培，南方避雨栽培。棚架、篱架均可，中短稍修剪。果穗松紧适中，坐果后对果穗稍加修弯即可。易着色，在光照充足地区或年份套袋可得玫瑰红色果实。喜肥水，宜多施有机肥。

庆丰

分　类　欧美杂种，早熟品种。

来　源　中国农业科学院郑州果树研究所与河南农业职业技术学院等单位2003年以京秀×布郎无核杂交选育而成，2015年通过品种认定。

品种特性　果穗圆柱形，平均穗重410.3g；果粒着生极紧密，倒卵形，平均粒重3.76g；果粉薄；果皮紫红色，无涩味；果汁中等多，有草莓香味，可溶性固形物含量16.8%左右；种子多为2粒。在河南郑州地区，7月中、下旬果实充分成熟。

技术要点　该品种生长势中等，抗病性较强，每667m² 产量控制在1 500kg左右。以中、短稍修剪为主。多雨季节应预防裂果。

贵园

分　类　欧美杂种，早熟品种。

来　源　中国农业科学院郑州果树研究所于2002年以巨峰自交选育而成，2014年通过品种认定。

品种特性　植株幼叶浅绿色；成龄叶大，近圆形；嫩梢绿色，成熟枝红褐色。果穗圆锥形，平均穗重438.7g；果粒着生中等紧密，椭圆形，平均粒重9.2g；果粉厚；果皮紫黑色，较厚，韧，有涩味；果肉软，有肉囊，汁多，味酸甜，有草莓香味，可溶性固形物含量16%以上；种子多为1粒，种子与果肉易分离。河南郑州地区7月中、下旬果实成熟。

技术要点　该品种树势较强，生长旺盛，结果稳定，丰产性好。以长、中、短梢混合修剪为主。适宜葡萄设施促早栽培；适宜长江中下游及以南地区的避雨栽培。

申爱

分　类　欧美杂种，早熟品种。

来　源　上海市农业科学院于1996年以金星无核×郑州早红杂交选育而成，2013年通过品种认定。

品种特性　植株幼叶具紫色条纹；成龄叶片心脏形。嫩梢绿色；成熟枝红褐色。果穗200～250g，平均粒重3.5g；果粒鸡心形，果皮玫瑰红色，可溶性固形物含量16%～22%，风味浓郁；种子多为1粒，且发育不完全。上海地区7月上中旬果实成熟。

技术要点　该品种生长健壮，抗病性较强，挂果期长，不裂果，成熟期比夏黑无核早10d左右。花穗较小，花前一般不需要进行花序整形。该品种种子发育不完全，可用低浓度的赤霉素进行无核化处理，每果枝留果1～2穗，以保证产量。优质栽培时，每667m²产量控制在1 250kg左右。

申华

分　类　欧美杂种，早熟品种。

来　源　上海市农业科学院于1995年以京亚×优系86-179杂交选育而成，2010年通过品种认定。

品种特性　植株幼叶红色；成龄叶心脏形，中等大。嫩梢红色；成熟枝条为红褐色。经无核化栽培后，平均穗重463g，平均粒重13g，果皮紫红色，可溶性固形物含量16.0%～17.5%，风味浓郁。上海地区设施栽培7月中旬果实成熟。

技术要点　适宜于巨峰适栽区栽种。篱架或棚架栽培均可，结果母枝适合中梢修剪。适合无核化栽培，使用低浓度赤霉素处理2次，可得到无核、大粒的商品果。在南方地区应实施设施栽培，以保证无核化栽培的成功。结果能力强，需控制产量。抗病性强。

春光

分　类　欧美种，早熟。

来　源　河北省农林科学院昌黎果树研究所选育，亲本为巨峰×早黑宝，2013年通过品种认定。

品种特性　植株幼叶红棕色；成龄叶大，中等厚。成熟枝光滑，红褐色。果穗大，平均穗重650g；果粒大，平均粒重9.5g；果皮紫黑色，果粉厚，皮较厚；果肉较脆，风味甜，具草莓香味，品质佳，可溶性固形物含量17.5%～20.5%，可滴定酸含量0.51%，固酸比34.3；种子多为2粒。萌芽至果实成熟约115d。

技术要点　该品种生长势较强，抗病性较强，丰产、稳产，经济效益高，比维多利亚早熟10d。易无核化栽培，不用植物生长调节剂处理，在栽培技术到位的前提下果粒也可达到9～10g。

蜜光

分　类　欧美杂种，早熟品种。

来　源　河北省农林科学院昌黎果树研究所选育，亲本为巨峰×早黑宝，2013年通过新品种认定。

品种特性　植株幼叶红色；成龄叶大，中等厚。嫩梢梢尖半开张；成熟枝红褐色。果穗圆锥形，平均穗重720.6g；果粒着生较紧密，椭圆形，平均粒重9.5g；果皮紫红色，果粉中等厚，皮中等厚，无涩味；果肉硬而脆，果汁中等，具较浓郁的玫瑰香味，品质极佳，可溶性固形物含量19.0%左右，可滴定酸含量0.49%，固酸比38.8；种子多为2粒。萌芽至果实成熟约112d。

技术要点　该品种适合温室和露地栽培。对土壤类型要求不严格，适宜在沙质壤土上栽植。在白色果袋内可充分着色；果实采收不易落粒，耐贮运。

户太8号

分　类　欧美杂种，早熟品种。

来　源　陕西省西安市葡萄研究所从奥林匹亚的芽变选育，1996年通过品种认定。

品种特性　植株幼叶浅绿色；成叶大，近圆形。果穗圆锥形，平均穗重500～800g；果粒着生中等紧密，短椭圆形，平均粒重9～10g；果粉厚，果皮紫红至紫黑色，皮厚，与果肉易分离；果肉软、多汁，可溶性固形物含量17%～19%，有淡草莓香味；种子多为2粒。湖南长沙地区果实于7月中下旬成熟。

技术要点　植株生长势强，适应性和抗病性均较强。经无核化处理可生产出无核率极高的优质无核葡萄。在多雨地区宜采用避雨栽培，棚、篱架栽培均可，每667m²产量控制在1 500kg左右。以中梢修剪（留6～7芽）为主，结合3芽短梢修剪。

光辉

分　　类　欧美杂种，早熟品种。

来　　源　2003年沈阳市林业果树科学研究所与沈阳长青葡萄科技有限公司以香悦×京亚杂交选育而成，2010年通过品种认定。

品种特性　植株叶片大近圆形，较厚。嫩梢浅绿色；成熟枝条褐色。果穗圆锥形，平均穗重560.0g；果粒着生中等紧密，近圆形，平均粒重10.2g；果皮紫黑色，果粉厚；果肉较软，有草莓香味，风味酸甜，品质上等，可溶性固形物含量16.0%左右；种子1～3粒。萌芽至果实成熟122d左右。

技术要点　该品种生长势强，抗病性强，丰产、稳产。生产时注意疏花疏果，每667m² 产量控制在1 500kg左右。

瑞都科美

分　　类　美欧亚种，中熟偏早品种。

来　　源　北京市农林科学院林业果树研究所育成，亲本为意大利×Muscat Louis，2017年通过品种认定。

品种特性　植株幼叶黄绿色；成龄叶五角形，厚度中等；叶柄短于主脉，果穗圆锥形，平均穗重502.5g；果粒着生密度中等，椭圆形或卵圆形，平均粒重7.2g；果皮黄绿色，果粉中，皮中等厚；果肉较脆，具浓郁的玫瑰香味，可溶性固形物含量17.20%左右；种子2～3粒。萌芽至果实成熟120～130d。

技术要点　树势中庸，抗性中等，丰产、稳产，副梢成花力极强。管理容易，宜短梢修剪，疏花疏果量小，可省工。

瑞都香玉

分　类　欧亚种，早熟品种。

来　源　北京市农林科学院林业果树研究所育成，亲本为京秀×香妃，2007年通过品种认定。

品种特性　植株幼叶黄色；成龄叶心脏形；叶柄短于主脉。果穗长圆锥形，平均穗重432.0g；果粒着生较疏松，椭圆形或卵圆形，平均粒重6.3g；果皮黄绿色，皮薄；果肉较脆，具中等玫瑰香味，可溶性固形物含量17%～20%；种子3～4粒。萌芽至果实成熟110～120d。

技术要点　露地适栽区为华北、东北及西北地区。适于各种架式和修剪方式。开花前进行花序整形，掐尖即可，适当疏花疏果，每穗留果粒70～80粒为宜。果实套袋栽培，成熟期注意补充磷、钾肥，并及时防治果实病害。常规埋土栽培条件下可安全越冬。

瑞都早红

分　类　欧亚种，早熟品种。

来　源　北京市农林科学院林业果树研究所育成，亲本为京秀×香妃，2014年通过品种认定。

品种特性　植株幼叶橙黄色；成龄叶心脏形，中等大小，中等厚，叶缘上卷；叶柄比主脉短。嫩梢茸毛密；成熟枝节间中等长。果穗圆锥形，平均穗重433g；果粒着生中等紧密，椭圆形或卵圆形，平均粒重8g；果皮薄至中等厚，鲜红色；果肉脆，可溶性固形物含量16.5%左右，退酸早，成熟中后期果肉具有清香味；种子2～4粒。萌芽至果实成熟110～120d。

技术要点　该品种树势中庸，丰产性强，副梢成花力强，坐果良好。以短梢修剪为主，坐果后适当疏花疏果，每穗留果70～80粒。

瑞都红玉

分　类　欧亚种，早熟品种。

来　源　北京市农林科学院林业果树研究所育成，瑞都香玉的红色芽变，2014年通过品种认定。

品种特性　植株幼叶黄色；成龄叶心脏形，厚度及大小中等，叶缘上卷；叶柄比主脉短。果穗圆锥形，果穗中等松散，平均穗重405g；果粒长椭圆形，平均粒重5～7g；果皮紫红或红紫色；果肉脆，较硬，玫瑰香味较浓，可溶性固形物含量18%～20%。萌芽至果实成熟110～120d。

技术要点　该品种不脱粒耐贮运。生长势中等，副梢成花力较强，坐果良好。以短梢修剪为主，花前掐穗尖，坐果后简易疏果，每穗留果80～90粒。

沈农金皇后

分　类　欧亚种，早熟品种。

来　源　沈阳农业大学从早熟品种'87-1'自交后代中选育而成，2009年通过品种认定。

品种特性　植株幼叶红褐色；成龄叶近圆形，叶片大，中等厚。嫩梢绿色；成熟枝条红褐色。果穗圆锥形，平均穗重856g；果粒着生紧密，椭圆形，平均粒重7.6g；果皮金黄色，皮薄；果肉脆，有玫瑰香味，可溶性固形物16.6%；种子1～2粒。萌芽至果实成熟120d左右。

技术要点　该品种生长势中等，抗病性较强，具早果性，丰产。中、短梢修剪。注意疏花疏果，每667m² 产量控制在1 500kg左右。

瑞都红玫

分　类　欧亚种，中熟偏早品种。

来　源　北京市农林科学院林业果树研究所育成，亲本为京秀×香妃，2013年通过品种认定。

品种特性　植株幼叶黄绿色；成龄叶心脏形，厚度中等，叶柄短于主脉；果穗圆锥形，平均穗重430g；果粒着生紧密，椭圆形或圆形，平均粒重7～9g；果皮薄至中等厚，红紫色；果肉较脆，有中等玫瑰香味，可溶性固形物含量17%～18%；种子1～2粒。萌芽至果实成熟120～130d。

技术要点　树势中庸或稍旺，抗逆性较强，丰产性好，栽培容易。果实耐储运性能良好。适当疏花疏果，每穗留果粒70～80粒。

宝光

分　类　欧美杂种，中早熟。

来　源　河北省农林科学院昌黎果树研究所选育，亲本为巨峰×早黑宝，2013年通过品种认定。

品种特性　该品种结实力强，丰产、稳产。在着色、肉质、香气、产量等性状上均超过其母本巨峰。植株叶片较大。成熟枝红褐色。果穗大，平均穗重716.9g；果粒极大，平均粒重13.7g；果皮紫黑色，皮较薄，容易着色；果粉厚；果肉较脆，香味独特，同时具有玫瑰香味和草莓香味，可溶性固形物含量18.0%左右，可滴定酸含量0.47%，固酸比38.3，品质佳。

技术要点　花后25d左右果穗整形、疏粒，果粒长至黄豆大小即可套袋。扦插、嫁接繁殖均可。每株留1～2个主蔓，冬季以中、短梢修剪为主。

申宝

分　类　欧美杂种，中早熟品种。

来　源　上海市农业科学院1986年从"巨峰"实生系中选育而成，2008年通过品种认定。

品种特性　植株幼叶绿色，边缘紫红色；成龄叶较厚，心脏形。果穗重200g左右，果粒着生中等紧密、椭圆形，平均果粒重4.0g，果皮绿色或绿黄色，可溶性固形物含量17%。进行无核化栽培后，果穗长圆锥形或圆柱形，平均穗重476g，平均粒重9.0g。可溶性固形物含量15%～17%，风味浓郁。无核率达100%，品质上等，不裂果。长沙地区7月下旬至8月上旬果实成熟。

技术要点　开花前一周左右进行花序整形，以保证果穗紧凑整齐；盛花末期用低浓度（20～25mg/L）赤霉素处理花穗，间隔10d再用赤霉素处理一次，浓度不宜超过50mg/L。结果母枝适合中、长梢修剪。

申丰

分　类　欧美杂种，中熟偏早品种。

来　源　上海市农业科学院于1995年以京亚×紫珍香杂交选育而成，2006年通过品种认定。

品种特性　植株幼叶浅紫色；成龄叶片大，较厚，心脏形。嫩梢紫红色；成熟枝黄褐色。果穗圆柱形，果粒着生中等紧密，平均粒重8.0g左右，紫黑色，皮厚，果粉中等厚；果肉较软，质地致密细腻，成熟时有草莓香味，酸度低，可溶性固形物含量14.0%～16.5%；种子多为2粒。长沙地区8月上旬果实成熟。

技术要点　该品种树势中庸，坐果率高，浆果容易上色，不易裂果和脱粒，抗病性与巨峰相似，适栽区为长江流域及其以南的巨峰葡萄种植区。生产时每果枝留1穗果，每667m²留2 500～3 000穗果，每667m²产量控制在1 250kg左右为宜。

京莹

分　　类　欧亚种，中熟品种。

来　　源　中国科学院北京植物园于1997年以京秀×京早晶杂交育成，2018年通过品种认定。

品种特性　植株幼叶黄绿色；成龄叶五角形，中等大小；叶柄短于中脉。嫩梢黄绿色；成熟枝黄褐色，节间短，中等粗。果穗圆锥形，平均穗重440g；果粒着生紧密，椭圆形，平均粒重8.2g；果皮绿黄色或绿色，皮中等厚，果皮与果肉不易分离；果肉脆，汁中等多，玫瑰香味浓郁，可溶性固形物含量15.6%；种子2～4粒。萌芽至浆果成熟需130d左右。

技术要点　该品种生长势中等，抗病性较强，果穗美观，极丰产，品质上等。浆果可延迟采收，风味更为浓郁，且不掉粒、不裂果，耐贮运，货架期长。一般采用中、长梢修剪，注意疏花疏果。

秋黑宝

分　　类　欧亚种，中熟品种。

来　　源　山西省农业科学院果树研究所于1999年以瑰宝×秋红的杂交种子用秋水仙碱诱变选育而成的新品种。2010年通过品种认定。

品种特性　幼叶浅紫红色；成熟叶片近圆形，大小及厚度中等。嫩梢紫红色；成熟枝暗红色。果穗圆锥形，平均穗重437g；果粒着生中等紧密，短椭圆形或近圆形，平均粒重7.13g；果皮紫黑色，较厚、韧，果皮与果肉不分离；果肉较软，玫瑰香味，可溶性固形物含量23.40%；种子1～2粒。萌芽至果实成熟130d左右。

技术要点　该品种生长势中庸，抗病性较强。宜中、短梢修剪，成花容易，有轻微的大小粒现象，坐果期注意及时摘心、整穗、掐穗尖。

峰光

分　类　欧美杂种，中熟品种。

来　源　河北省农林科学院昌黎果树研究所选育，亲本为巨峰×玫瑰香，2013年通过品种认定。

品种特性　植株叶片大；成熟枝红褐色。果穗圆锥形，平均穗重635.6g；果粒着生较紧密，椭圆形，平均粒重14.2g；果皮紫黑色，果粉、果皮中厚；果肉较脆，具草莓香味，可溶性固形物含量18.2%左右，可滴定酸含量0.46%，固酸比39.6；种子多为2粒。萌芽至果实成熟约135d。

技术要点　该品种生长势强，丰产性强，抗病性与巨峰相近。冬季修剪以中、短梢修剪为主。在品质、产量上均超过母本巨峰，与巨峰同期成熟。可在白色果袋内充分着色。

玉手指

分　类　欧美杂种，中熟品种。

来　源　浙江省农业科学院由金手指芽变选育而成，2012年通过品种认定。

品种特性　植株幼叶紫红色；成龄叶中等大而厚；嫩梢黄绿色；成熟枝灰黄色。果穗长圆锥形，松紧适度，平均穗重485.6g；果粒长形至弯形，平均粒重6.2g；果粉厚，果皮黄绿色，允分成熟时金黄色，皮薄不易剥离；果肉较软，可溶性固形物含量18.22%左右，冰糖香味浓郁，鲜食品质佳；种子1～2粒。萌芽至果实成熟约130d。较金手指成熟早、果穗大、产量稳、抗性强等。

技术要点　该品种抗病性较强，丰产、稳产、栽培容易，无需保花保果和疏花疏果，较省工。宜采用T形或Y形树形、飞鸟形叶幕，或采用水平棚架，结合小X树形。冬季修剪时长、短梢混合修剪。

郑葡1号

分　　类　欧亚种，中熟品种。

来　　源　中国农业科学院郑州果树研究所、河南省农业科学院园艺研究所等单位于2007年以红地球×早玫瑰杂交选育而成，2015年通过品种认定。

品种特性　植株幼叶黄绿色；成龄叶叶片五角形，5裂。果穗圆柱形，平均穗重685.0g；果粒着生极紧，近圆形，平均粒重10.3g；果粉中等厚；果皮红色，无涩味；果肉较脆，硬度中等，无香味，可溶性固形物含量17.0%左右；种子多为2粒。郑州地区8月上中旬果实充分成熟。

技术要点　该品种生长势中庸，丰产、稳产。大穗大粒，品质较优。栽培管理较容易，冬季以中、短梢修剪为主。

郑葡2号

分　　类　欧亚种，中熟品种。

来　　源　中国农业科学院郑州果树研究所、河南省农业科学院园艺研究所2007年以红地球×早玫瑰杂交选育而成，2015年通过品种认定。

品种特性　植株幼叶绿带红斑；成龄叶五角形。果穗圆锥形，平均穗重900g；果粒着生紧密，圆形，平均粒重12g；果粉中等厚；果皮紫红色，无涩味；果肉较脆，硬度中，无香味，可溶性固形物含量18.0%左右；种子多为3粒。在河南郑州地区，8月中旬果实充分成熟。

技术要点　该品种生长势中庸，丰产、稳产。每667m²产量控制在2 000kg左右。高产时易出现水罐子病和白腐病，并有大小粒现象。生产中需要控制产量以提高品质，采用避雨栽培以减轻病害发生。冬季以中、短梢修剪为主。

申玉

分　　类　欧美杂种，中晚熟品种。

来　　源　上海市农业科学院于1997年以藤稔×红后，杂交选育而成，2011年通过品种认定。

品种特性　植株幼叶浅紫色；成龄叶心脏形，中等厚。嫩梢浅红色；成熟枝黄褐色，节间中等长。果穗圆柱形，果粒着生中等紧密，椭圆形，平均粒重9.1g；果皮绿黄色，中等厚，果粉中等多；果肉软，肉质致密，可溶性固形物含量17.5%，风味浓郁；种子1～2粒。上海地区设施栽培8月中下旬果实成熟。

技术要点　该品种花序果穗偏小，花果整形较省工。宜采用T形或Y形树形、飞鸟形叶幕，或采用水平棚架，结合小X树形。冬季修剪时长、短梢混合修剪。

红美

分　　类　欧亚种，中晚熟品种。

来　　源　中国农业科学院郑州果树研究所和河南省农业科学院园艺研究所等单位于2009年以美人指×红亚历山大杂交选育而成，2015年通过品种认定。

品种特性　植株幼叶黄绿色；成龄叶五角形，5裂。果穗圆锥形，平均穗重527.8g；果粒着生紧密，长椭

圆形，平均粒重6.9g；果粉较厚；果皮紫红色，稍有涩味；果汁中等多，有淡玫瑰香味，酸甜适度，可溶性固形物含量19.0%左右；种子多为2粒。在河南郑州地区，8月下旬果实充分成熟。

技术要点　该品种生长势强，抗病性中等，易早期丰产，每667m²产量控制在2000kg。以中、短梢修剪为主。南部地区雨水较多，适宜避雨栽培。

新郁

分　类　欧亚种，中晚熟品种。

来　源　新疆葡萄瓜果开发研究中心选育，以红地球自然杂交单株E42-6为母本，里扎马特为父本杂交育成，2005年通过品种认定。

品种特性　果穗圆锥形，平均穗重800g，果粒着生紧密，椭圆形，果皮紫红色，果粉中等厚；果肉较脆，味酸甜，略带清香味，可溶性固形物含量16.8%左右，品质中上。种子2～3粒。萌芽至果实完全成熟约145d。

技术要点　该品种生长势强，适应性较强；果实外观品质好，耐贮运。选择土壤条件较好的地块栽培，宜采用棚架，株行距1.5m×5m。适当疏花疏果，穗重调整为600g左右。冬剪以中、短梢修剪为主，注意选留预备枝。

金田翡翠

分　类　欧亚种，晚熟品种。

来　源　河北科技师范学院和昌黎金田苗木有限公司于2001年以凤凰51×维多利亚杂交选育而成，2010年通过品种认定。

品种特性　植株幼叶紫褐色；成龄叶片近圆形。果穗圆锥形，平均穗重920g；果粒近圆形，平均粒重10.6g；果粉薄；果皮黄绿色，中等厚；果肉脆，有香味，多汁，可溶性固形物含量17.5%左右。萌芽至果实成熟约155d。

技术要点　该品种生长势中庸，栽培时注意疏花疏果，每667m²产量控制在1 500kg左右。成熟前控制灌水，成熟时及时采收。

晚黑宝

分　　类　欧亚种，晚熟品种。

来　　源　山西省农业科学院果树研究所选育，亲本为瑰宝×秋红，杂交种子经秋水仙素诱变选育而成。2013年通过品种认定。

品种特性　植株幼叶浅紫红色；成龄叶片近圆形，中等大小，较厚；嫩梢黄绿色带紫红；成熟枝条暗红色；果穗圆锥形，平均穗重594.3g；果粒着生中等紧密，短椭圆形或近圆形，平均粒重8.5g；果皮紫黑色，较厚、韧，果皮与果肉不分离；果肉较软，具玫瑰香味，品质上等，可溶性固形物含量19.2%；种子1～2粒。萌芽至果实成熟160d左右。

技术要点　该品种植株生长势强，成花容易。长、中、短梢结合修剪为主。在南方设施条件下品质更优。

秋红宝

分　　类　欧亚种，晚熟。

来　　源　山西省农业科学院果树研究所选育，亲本为瑰宝×粉红太妃，2007年通过了品种认定。

品种特性　植株幼叶浅紫红色；成龄叶近圆形，中等大小，中等厚度。嫩梢黄绿色带紫红；成熟枝条暗红色。果穗圆锥形，平均穗重508g；果粒着生紧密；果粒短椭圆形，平均粒重7.1g；果皮紫红色、薄，果皮与果肉不易分离，果肉硬、脆，味甜、爽口，具荔枝香味，风味独特，品质上等，可溶性固形物含量21.8%；种子2～3粒。萌芽至果实成熟165d左右。

技术要点　该品种生长势强，应加强栽培管理，产量过大，会出现大小粒现象，一般每667m² 产量控制在1 250～2 000kg为宜。坐果率高，果粒着生紧密，生产上必须进行疏花、整穗。

金田美指

分　　类　欧亚种，晚熟品种。

来　　源　河北科技师范学院和昌黎金田苗木有限公司于2000年以牛奶×美人指杂交选育而成，2010年通过品种认定。

品种特性　植株幼叶茸毛稀疏；成熟叶近圆形。果穗圆锥形，平均穗重802.0g；果粒长椭圆形，平均粒重10.5g；果粉较薄；果皮鲜红色，皮中等厚；果肉脆，多汁，口感酸甜，可溶性固形物含量19.0%左右。萌芽至果实成熟约160d。

技术要点　该品种树势较强，一个结果枝宜留1个花序，花序比较紧，可在花前用赤霉素拉长，花后用赤霉素膨大。冬季短梢修剪为主，留2～3个芽。注意疏花疏果，每667m²产量控制在1 500kg以下。成熟前控制灌水，避免裂果发生。

金田0608

分　　类　欧亚种，极晚熟品种。

来　　源　河北科技师范学院和昌黎金田苗木有限公司于2000年以秋黑×牛奶杂交选育而成，2007年通过品种认定。

品种特性　植株幼叶紫红色；成熟叶心脏形。果穗圆锥形，平均穗重905.0g；果粒着生中等紧密，鸡心形，平均粒重8.3g；果粉中等厚；果皮紫黑色，厚度中等；果肉较脆，有清香味，可溶性固形物含量22.0%左右。萌芽至果实成熟约165d。

技术要点　该品种宜采用棚架或篱架栽培，以中、短梢修剪为主。注意疏花疏果，每667m²产量控制在1 500kg左右。

适宜栽培地区与巨峰基本相同。在盛花末期用低浓度赤霉素20～25mg/L处理花穗，间隔10d左右再用赤霉素处理果穗，浓度不宜超过50mg/L。优质栽培时注意控产，每果枝留1果穗，每穗留果60粒左右，每667m²产量控制在1 250kg。

金田玫瑰

分　　类　欧亚种，中早熟品种。

来　　源　河北科技师范学院与昌黎金田苗木有限公司合作选育，亲本为玫瑰香 × 红地球，2000年杂交选育，2007年通过品种认定。

品种特性　植株幼叶紫红色；成熟叶近圆形，叶缘上卷。果穗圆锥形，中等紧密，平均穗重608.0g；果粒圆形，平均粒重7.9g；果粉中等厚；果皮紫红色，中等厚、韧；果肉中等脆，多汁，具浓郁玫瑰香味，可溶性固形物含量20.5%左右，味甜，品质上等；种子3 ~ 4粒。萌芽至果实成熟124 ~ 131d。

技术要点　该品种生长势中庸，丰产性强，棚架和篱架栽培均可，以中、短梢修剪为主。注意疏花疏果，每667m² 控制产量在2 000kg以下。

金田红

分　　类　欧亚种，晚熟品种。

来　　源　河北科技师范学院与昌黎金田苗木有限公司合作选育，亲本为玫瑰香 × 红地球，2000年杂交选育，2007年通过品种认定。

品种特性　植株幼叶紫红色；成龄叶心脏形。果穗圆锥形，平均穗重799.0g；果粒卵圆形，着生中等紧密，平均粒重10.1g；果粉中等厚；果皮紫红色，中等厚，皮韧，无涩味；果肉脆，多汁，具中等浓度玫瑰香味，可溶性固形物含量20%左右。萌芽至果实成熟约157d。

技术要点　该品种生长势中庸，篱架和棚架栽培均可，长、中、短梢混合修剪为主，成熟时不易落粒，每667m²产量控制在2 000kg以内。

北玺

分　　类　欧山杂种，晚熟品种。

来　　源　中国科学院北京植物园于1955年以玫瑰香×山葡萄杂交后一直保存于杂种圃中，因酿酒品质突出，2004年选出为优系，2013年通过品种认定。

品种特性　果穗圆锥形，平均穗重137.9g；果粒近圆或椭圆形，平均粒重2.24g；果皮紫黑或蓝黑色，果粉厚，果皮厚；果肉与种子不易分离，肉质中等，果汁中等多，黄绿色，无香味。其酿成的葡萄酒颜色深，呈深宝石红色，香气清新、明快，具有黑醋栗、蓝莓等小浆果气息。可溶性固

形物含量23.8%，可滴定酸含量0.52%，出汁率67.4%；种子多为3粒。

技术要点　该品种抗寒抗病性好，在中国东北、华北及西北葡萄均可栽培。棚架或篱架，中短梢修剪。每667m²产量宜控制在800kg左右。华北地区种植冬季不用埋土防寒，入冬前灌足冻水，少量施肥。

北馨

分　　类　欧山杂种，晚熟品种。

来　　源　中国科学院北京植物园以欧亚种与山葡萄杂交育成，2017年通过品种认定。

品种特性　植株幼叶浅红色；成龄叶五角形，叶背稀疏茸毛。嫩梢黄绿色；成熟枝条黄褐色。果穗圆锥形，平均穗重155.5g；果粒着生中等紧密，近圆或椭圆形，平均粒重3.62g；果皮紫黑色，果粉厚，皮中等厚；果肉与种子不易分离，果汁绿黄色，微玫瑰香味，可溶性固形物含量22.4%，出汁率67.9%。其酿成的葡萄酒呈鲜亮的宝石红色，具有不张扬的玫瑰香气，入口甜美，口感顺滑。

技术要点　该品种生长势较强，抗性强，丰产、稳产，可在华北、东北、西北及南方部分地区栽培。棚架篱架栽培均可，中短梢修剪。在我国大部分葡萄酒产区入冬前灌足冻水，可不埋土越冬。控制施肥量，防止枝条旺长。适宜进行有机葡萄生产。

新北醇

分　　类　欧山杂种，晚熟品种。

来　　源　中国科学院北京植物园从北醇突变中选育而成，2004年选为品系，2013年通过品种认定。

品种特性　果穗圆锥形，平均穗重178.7g；果粒近圆或椭圆形，平均粒重2.27g；果皮紫黑色，果粉、果皮厚；果肉与种子不易分离，果汁浅红色，无香味，可溶性固形物含量23.8%，可滴定酸含量0.57%，出汁率66.7%；种子2～3粒；酿成的葡萄酒呈鲜亮的宝石红色，香气清新，具清凉薄荷感，似荔枝、树莓香，柔软、饱满，回味甜感明显，酸度较低。

技术要点　植株生长势较强，抗病性及抗寒性强，丰产、稳产。

紫秋

分　　类　东亚种，极晚熟品种。

来　　源　由怀化市芷江县农业局与湖南农业大学等单位从野生刺葡萄中发现的变异单株，2004年通过品种认定。

品种特性　新梢、叶柄及叶脉上密生直立或先端弯曲的刺，3年生以上枝蔓皮刺随老皮脱落。多为两性花。果穗圆锥形，平均穗重227g；果粒着生较密，椭圆形，平均粒重4.5g；果皮紫黑色，果粉厚，果皮厚而韧，果皮与果肉易分离；果肉绿黄色，有肉囊，多汁，味甜，无香气，可溶性固形物含量14.5%～16.0%，可食率70.8%，出汁率61%；种子3～4粒，果肉与种子不易分离。果实耐贮运。湖南怀化地区9月中、下旬果实完全成熟。

技术要点 该品种生长势较强，适应性广，抗逆性强，较耐旱，耐粗放管理，较抗黑痘病，在我国长江流域均可栽植，采用棚架式栽培，栽植密度宜为4m×5m，采用单干多主蔓棚架整形，冬季留2～3个饱满芽短剪，每667m²产量控制在1 500kg左右。果实色素浓，风味独特，营养及保健成分丰富，适合酿制干红和甜红葡萄酒，亦适合制汁。

湘酿1号

分　类　东亚种，极晚熟品种。

来　源　湖南农业大学园艺园林学院与湖南神州庄园葡萄酒业有限公司共同选育。2003年将刺葡萄种子用秋水仙素诱变而成，2009年通过品种认定。

品种特性　植株嫩梢黄绿色间或有红色斑点，成龄枝褐色，刺长且密，节间长；幼叶浅紫色；成龄叶厚，近心脏形，叶缘波浪形，叶面有光泽，蜡质层厚，有网状皱褶。卷须着生间歇性；多为两性花，少为雌能花。果穗长圆柱形或圆锥形，平均穗重280～350g；果粒着生较密，椭圆形或圆形，平均粒重3～4g；

果皮紫黑色，果粉厚，果皮极厚而韧，果皮与果肉易分离；果肉黄绿色，有肉囊，多汁，味甜，无香气，可溶性固形物含量16%～17%，总酸含量0.2%～0.4%，可食率70.8%，出汁率65%～70%；种子3～4粒，果肉与种子不易分离。果实耐贮运。湖南长沙地区9月中、下旬果实成熟。

技术要点 该品种生长势较强，适应性广，抗逆性强，较耐旱，耐粗放管理，较抗黑痘病，在我国长江流域均可栽植，采用棚架式栽培，栽植密度宜为4m×5m，采用单干多主蔓棚架整形，冬季留2～3个饱满芽短剪，每667m²产量控制在1 500kg左右。果实色素浓，风味独特，营养及保健成分丰富，适合酿制干红和甜红葡萄酒，亦适合制汁。

华佳8号

来　源　上海市农业科学院园艺研究所用华东葡萄与佳利酿杂交选育而成，2004年通过品种审定。

品种特性　植株嫩梢黄绿色，梢尖及幼叶被灰白色茸毛，密度中等；幼叶叶面较平滑，带有光泽；成龄叶中等大，心脏形，绿色，叶背有稀疏刺毛。成熟枝黄褐色，卷须断续分布，花为雌能花，果穗中偏小，圆锥形，有歧肩，果粒近圆形，果皮蓝黑色，有果点，果粒小，1.5～2g，种子3～4粒。

技术要点　该品种生长势极强，为高大藤本，可作生长势弱的品种的砧木。也可促进早期结实，丰产，稳产。可增大果粒，促进着色，有利于浆果品质的提高。以扦插方法育苗，成熟枝条插插成活率在50%～75%。扦插苗的时间、方法同常规育苗，但生长达30cm时需摘心一次促进枝干增粗。

抗砧3号

分　类　种间杂种。

来　源　中国农业科学院郑州果树研究所1998年以河岸580×SO4杂交育成，2009通过品种认定。

品种特性　植株幼叶上表皮光滑，有光泽；成龄叶肾形，全缘或浅3裂。嫩梢黄绿色带红晕；枝条红褐色。

技术要点　该品种生长势旺盛，适应性强，抗病性极强。以该品种作砧木的葡萄苗，生长势显著强于自根苗。枝条生长量大，可减少施肥量；极抗根瘤蚜和根结线虫，高抗葡萄浮尘子，仅在新梢生长期会遭受绿盲蝽危害。宜采用单壁篱架，头状树形。

抗砧5号

分　　类　种间杂种。

来　　源　中国农业科学院郑州果树研究所1998年以贝达×420A杂交育成，2009年通过品种认定。

品种特性　植株幼叶光滑，有光泽；成龄叶楔形，深绿色。果穗圆锥形，平均穗重231g；果粒着生紧密，圆形，平均粒重2.5g；果皮蓝黑色，果粉、果皮均厚；果肉较软，汁液中等偏少；种子2～3粒。两性花。

技术要点　该品种生长势旺盛，抗病性极强。在郑州和开封市，全年无任何病害发生。经过多年多点试验观察，该品种在河南省滑县万古镇的盐碱地和尉氏县大桥乡的重线虫地均能保持正常树势，嫁接品种连年丰产、稳产，表现良好。宜采用单臂篱架、头状树形。叶片自然脱落后进行枝条采收。

山葡萄

分　　类　东亚种。

来　　源　野生资源。主要分布在我国北方。产于辽宁、吉林、黑龙江、河北、山东、江苏等省，苏联西伯利亚、朝鲜北部也有分布。

品种特性　植株幼叶带红色并被茸毛；成龄叶宽卵形，全缘或浅3裂，有波状粗齿，锯齿短尖。雌雄花异株，极少两性花。果实圆形，黑色，种子2～4粒。生长于山地林绿地带，抗寒力强，能抗-50℃～-40℃低温，是培育抗寒葡萄的良好亲本。抗白腐病能力较强，易感染霜霉病，不抗根瘤蚜。

技术要点　山葡萄要求土壤有充足的水分，排水、通气良好，多量的有机质，微酸性反应，对光照和空气湿度也要求较高。山葡萄扦插生根困难，多采用实生繁殖，然而实生苗根系不发达，移栽成活率较低。

（编者：石雪晖　曹雄军）

第3章
生物学特性

一、生长特性

1. **根系** 葡萄的根系发达，为肉质根。因繁殖方法而不同，用种子繁殖的实生苗有主根，其上分生出各级侧根；用扦插、压条法繁殖的植株没有主根，只有若干条骨干根，其上分生出各级侧根和细根。当土壤、空气湿度大，温度较高时，常在成熟的枝蔓上长出气生根。

葡萄根系在一般情况下，每年的春、夏、秋季各有一次发根高峰，南方以春、秋两季发根量最多。当土温达到5℃以上时根系开始活动；当土温上升到12～14℃时，根系开始生长；土温达到20℃时根系进入活动旺盛期；土温超过28℃，根系生长受到抑制；大多数栽培品种当气温下降至-8～-7℃时根系受冻。

2. **芽** 葡萄枝梢上的芽着生于叶腋，根据分化的时间分为冬芽和夏芽，这两类芽在外部形态和特性上具有不同的特点。

(1) **冬芽** 冬芽体形比夏芽大，外被鳞片，鳞片上着生茸毛（图3-1）。冬芽具有晚熟性，一般次年春萌发，故称之为冬芽。冬芽内一般包含3～8个新梢原始体，有主芽和副芽之分，如同时萌发，可形成"双生枝"或"三生枝"（图3-2）。若冬芽在越冬后不萌发呈休眠状态，则为潜伏芽，又称"隐芽"，其寿命长，有利于树冠更新。

图3-1 冬芽（周俊 供图）

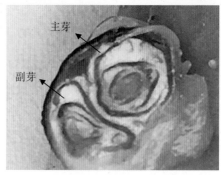

图3-2 冬芽剖面图（李琪 供图）

(2) **夏芽** 夏芽着生在新梢叶腋的冬芽旁，是无鳞片的裸芽，具早熟性，抽生夏芽副梢（图3-3）。如巨峰等品种的夏芽副梢结实力较强，在南方地区，可利用其结二次或三次果，以补充一次果的不足和延长葡萄的供应期。

3. 枝蔓 葡萄的枝蔓根据着生部位和性质可分为主干、主蔓、侧蔓、结果母蔓、结果蔓、营养蔓等（图3-4）。主干是指从地面到主蔓分支处的一段枝蔓；主蔓是着生在主干上的分枝；侧蔓着生于主蔓上；一年生着生花芽的成熟枝蔓、次年能抽生结果蔓的称为结果母蔓（图3-5）；结果母蔓上抽生带有花穗者称为结果蔓、不带花穗者称为营养蔓；枝蔓上着生卷须。

图3-3 夏芽萌发形成副梢

葡萄枝蔓的中央为髓部组织，外部为表皮层，内层为木栓层，形成层介于韧皮部与木质部之间，葡萄茎的维管束呈环状排列，维管束间由薄壁细胞构成射线，横向联络韧皮部和木质部（图3-6）。

图3-4 当年生主梢、副梢
（周俊 供图）

图3-5 一年生枝蔓冬态（路瑶 供图）

表皮
皮层
髓部
韧皮部
木质部

图3-6 枝蔓横截面（韦宇 供图）

4.叶片　葡萄的叶为单叶、互生，由叶柄、叶片和托叶3部分组成。叶柄连接叶脉与新梢维管束。托叶着生于叶柄基部，展叶后自行脱落。叶片主要制造营养、蒸腾水分和进行呼吸作用。

葡萄的叶片呈圆形、卵圆形（心脏形）和扁圆形（肾脏形），3裂、5裂、7裂或全缘，叶背分有茸毛、刺毛和无茸毛3种，叶缘均有锯齿（图3-7）；葡萄叶片具有较厚的角质层及表皮，野生种腺枝葡萄、毛葡萄、刺葡萄比欧亚种葡萄的叶片厚，其抗逆性强。

幼叶　成龄叶

图3-7　红地球叶片（金燕　供图）

二、结果特性

1.花芽分化　葡萄植株的茎生长点由分生出叶片、腋芽进而分化出花序原基，由营养生长向生殖生长的变化过程称为花芽分化。葡萄的花芽分为冬花芽和夏花芽两种类型，花芽分化一般一年分化一次到多次。

（1）冬花芽分化　葡萄冬芽分化从主梢开花始期开始，靠近主梢下部的冬芽最先开始分化，自下而上逐渐分化，一直到第二年萌芽和展叶后继续分化，因此树体先年养分的积累对来年早春花芽的继续分化至关重要。

（2）夏花芽分化　葡萄在对主梢摘心、改善营养条件的前提下，可以促进夏花芽的分化而形成花序，但花序比冬花芽小。

2. 花、花序与卷须

（1）花 葡萄的花分3种类型：两性花、雌能花和雄能花。葡萄的花很小，两性花由花梗、花托、花萼、蜜腺、雄蕊、雌蕊组成（图3-8）。绝大多数葡萄栽培品种均为两性花，具有正常雌、雄蕊，能自花授粉结实；雌蕊发育正常、雄蕊退化者必须配有授粉品种，方能结实；有些品种不经受精子房亦可发育成果实，为单性结实；也有些无核品种虽能受精，但由于种子败育，成为无核果实。

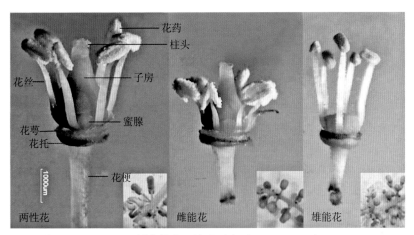

图3-8 刺葡萄花器外观形态（王美军 供图）

（2）花序 葡萄的花序由花序梗、花序轴、枝梗、花梗及花蕾组成，属于复总状花序，呈圆锥形（图3-9）。花序和卷须属于同源器官，都是茎的变态，营养不良时，花序也会停止分化而成为卷须（图3-10）。花序着生在叶片的对面，花序的分支一般可达3～5级，基部的分支级数多，顶部的分支级数少。每个花序上的花朵数，因品种、树龄和栽培条件而不同，一个花序一般有200～500朵花。

（3）卷须 葡萄卷须主梢一般从第3～6节起着生，副梢从第2节起开始着生，卷须与花序一样着生在叶片的对面，卷须形态有分叉（双叉、三叉和四叉）和不分叉、带花蕾的几种类型。

图3-9　葡萄花序（金燕 供图）

图3-10　卷须（韦宇 供图）

3. 果穗、果粒及种子

（1）**果穗**　葡萄的果穗是由花序生长发育而来，果穗由穗轴、果梗和果粒组成（图3-11）。穗轴的第一分枝形成副穗，果穗的主要部分称为主穗。

果穗的形状，一般可分为：圆柱形、单歧肩圆柱形、双歧肩圆柱形、圆锥形、单歧肩圆锥形、双歧肩圆锥形、分枝形等。

果穗的大小，可用穗长×穗宽之积表示，或用穗长表示，有极大穗、大穗、中穗、小穗、极小穗之分。根据果穗的着生密度可分为极紧密、紧密、适中、松散、极松散。生产中要求果穗中

图3-11　葡萄果穗（余俊 供图）

等稍大，松紧适中，因此在修整果穗时，可根据品种特点进行整穗，以提高商品性。

（2）**果粒及种子**　葡萄的果粒由子房发育而成，分为果梗、果蒂、果刷、外果皮、果肉和种子等部分组成（图3-12）。品种不同其稀密、大小、色泽、形状各有不同。果刷长短可作为衡量鲜果耐贮性的指标之一。果皮，即外果皮，大部分品种的外果皮上都有蜡质、果粉，有减少水分蒸腾

和防止微生物入侵的作用。果肉，即中、内果皮，与种子相连，是主要的食用部分。

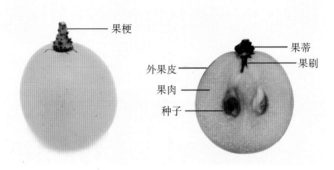

图3-12 果粒及果粒剖面 （余俊 供图）

果粒的形状可分为圆柱形、长椭圆形、扁圆形、卵形、倒卵形等；果粒的大小与色泽因品种、环境、栽培条件各异；果粒的颜色有白色、黄白色、绿白色、黄绿色、粉红色、红色、紫红色、紫黑色等。

果皮的厚度可分薄、中、厚三种，果皮厚的品种耐贮运；果皮薄的品种鲜食爽口，但成熟前久旱遇雨，易引起裂果。果实的品质主要决定于含糖量、含酸量、糖酸比、芳香物质的多少，以及果肉质地等。葡萄的香味分为玫瑰香味和草莓香味。

葡萄种子呈梨形，种子的外形分腹面和背面。腹面的左右两边有两道小沟，叫核洼，核洼之间有种脊，为缝合线，种子的尖端部分为突起的核嘴，是种子发根的部位。种子由种皮、胚乳和胚构成。每个果粒中通常有1～4粒种子。

4. 开花与坐果 葡萄开花就是花冠脱离的过程。成熟良好的花在日照良好、空气干燥、气温适宜时，每朵花开放过程仅3h左右，一般是以中部的花蕾开放最早，基部次之，穗尖上的花蕾开放最晚。整个花序开放所需要的时间一般为6～10d，以第2～4d为盛花期，一般以上午7：00～10：00时开花最多。

葡萄完成开花和授粉受精后，子房迅速膨大，发育成果实，这一过程称为坐果（图3-13）。一般在盛花后2～3d因花器发育不良、影响授粉受精而出现第一次落花落果高峰，当幼果发育到直径3～4mm时常有一部分果实因营养不足而停止发育、脱落，这是第二次落果高峰。

末花期　　　　　　　　　坐果期

图3-13　红地球葡萄末花期与坐果期（韦宇　供图）

5.果实的生长发育与成熟　在葡萄开花坐果后，一般将果实生长过程分为两个时期：果实的生长发育期、果实成熟期（图3-14）。

幼果期　　　　　膨大期　　　　　上色期　　　　　成熟期

图3-14　红地球葡萄果实生长期（曹雄军　供图）

（1）**果实的生长发育期**　葡萄从开花坐果后到果实着色前为果实的生长发育期。持续的天数因品种而异，一般早熟品种35～60d，中熟品种60～80d，晚熟品种80～90d。落果后留下的果实一般需经历快速生长期、生长缓慢期和果实膨大期三个阶段。果实的快速生长期是果实的体积和重量增长最快的时期，这期间果实绿色，肉硬、含酸量达最高峰，含糖量处最低值。在快速生长期之后，果实发育进入生长缓慢期，又叫硬核期。之后果实进入生长发育的第二个高峰期，称为果实膨大期，但生长速度次于快速生长期，这期间果实慢慢变软，酸度迅速下降，可溶性固形物迅速上升，开始着色。

（2）果实的成熟期 从果实开始着色到果实完全成熟称果实成熟期，一般持续20～40d。由于果胶质分解，果肉软化，其软化程度因品种而异，黄绿色品种进入此期的标志为，果粒变软、果皮色泽变浅；红色品种则为果粒变软，果皮开始着色。通常是根据果实糖酸度、品种固有的色度和种子变褐来判断果实成熟期。

三、葡萄的年生长发育周期

葡萄的年生长发育周期（又称物候期）呈现出明显的季节性变化，概括起来可分为两个时期：休眠期和营养生长期。

1. **休眠期** 葡萄的休眠期是从冬天落叶开始至翌年春季伤流开始之前为止。落叶后，树体生命活动并没有完全停止，生理变化仍在微弱的进行。休眠可分为自然休眠期和被迫休眠期。而在一些热带地区，葡萄一年四季都在生长，不能自然落叶，为了让植株长出新的枝条和结果，就需要诱发休眠，即让植株生长停止一段时间后，采取人工摘叶，重剪根系和停止灌水等措施。

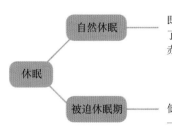

自然休眠：是指外界温度在10℃以上芽眼也不萌发时的休眠，即使外界环境条件适宜，植株也不能生长，但生产上为了打破自然休眠，除了低温的方法外，可运用单氰胺、赤霉素、激动素、冷热交替处理等都有一定的作用。

被迫休眠期：自然休眠结束后，气温和土温仍然很低，外界温度低于10℃，限制了芽萌发时的休眠，称为被迫休眠期，一旦条件适合随时可以萌芽生长。

2. **生长期** 当春季伤流开始到冬季落叶为止为葡萄的营养生长期。生长期的长短主要取决于当地无霜期的长短。

葡萄的营养生长期又可以分为以下几个时期：

树液流动期		又称伤流期。从春季树液流动到萌芽时为止，当早春根系分布处的土层温度达6℃～9℃时，树液就开始流动，根的吸收作用逐渐增强，这时从枝蔓新剪口处会流出无色透明的树液，即为葡萄的伤流，这种现象称为伤流现象（图3-16）。南方的葡萄冬季修剪宜在伤流前完成。
萌芽新梢生长期		从萌芽至开花始期。当春季昼夜平均气温稳定至10℃以上时，冬芽开始膨大、萌发，长出嫩梢（图3-17）。一般枝条顶端的芽萌发较早。萌芽除受当年温、湿度影响外，植株长势对其影响极大。南方若早春长期低温、先年叶片遭受病虫为害、结果过多、采收过晚等都会导致萌芽推迟。新梢生长初期，新梢、花序和根系的生长主要依靠根和茎贮藏的营养物质。叶片成龄之后，主要靠叶片光合作用制造养分。新梢开始生长较慢，之后随着温度升高而加快。
开花期		从开始开花至开花终止，花期持续6～10d。花期对水分、养分和气候条件的反应都很敏感，是决定当年产量的关键。当日平均温度达20℃时，葡萄开始开花，这时枝条生长相对减缓。高温、干燥的气候有利于开花，能够缩短花期，相反若花期遇到低温和降雨天气会延长花期，持续的低温还会影响坐果和当年产量（图3-18）。这时冬花芽开始分化。
果实生长期		从花期结束到果实开始成熟前为果实生长期。一般为80～110d。此期间内新梢的加长生长减缓而加粗生长变快，基部开始木质化。冬芽此时开始了旺盛的花芽分化。根系在这一时期内生长逐渐加快，不断发生新的侧根，根系的吸收量大。此时期长江以南地区雨水多、气温高、湿度大，葡萄感病发病严重。要供给幼果充足的养分，加强肥水管理，防治病虫为害，并做好田间排水工作。
果实成熟期		果实从开始成熟到完全成熟的一段时期（图3-19）。在果实开始成熟期，主梢的加长生长由缓慢而趋于停止，加粗生长仍在继续旺盛进行；副梢的生长比主梢生长延续的时期较长。这时花芽分化主要在主梢的中、上部进行，冬芽中的主芽开始形成第二、第三花序原基，以后停止分化。在果实成熟期，应适时采收。

枝蔓老熟期

又称新梢成熟和落叶期，是从采收到落叶休眠的这段时期。当果实采收后，叶片的光合作用仍很旺盛，叶片继续制造养分，光合产物大量转入枝蔓内部，植株组织内淀粉和糖迅速增加，水分含量逐渐减少，细胞液浓度增高，新梢质地由下而上木质部、韧皮部和髓部细胞壁变厚和木质化，外围形成木栓形成层，韧皮部外围的数层细胞变为干枯的树皮。

四、对生态条件的要求

葡萄是喜温植物，对热量的要求高。植株一般从10～12℃以上开始萌发，从萌芽到果实充分成熟所需≥10℃的活动积温因品种而异，极早熟品种要求≥10℃的活动积温2 100～2 500℃，早熟品种2 500～2 900℃，中熟品种2 900～3 300℃，晚熟品种3 300～3 700℃，极晚熟品种＞3 700℃。

葡萄比较抗旱，温和气候条件下，年降水量600～800mm较适合葡萄生长发育。我国南方地区降水量大，春季发易诱发黑痘病等病害，促进新梢的徒长；开花期前后雨水多，导致落花现象严重、诱发种子败育和单性结实、新枝徒长、诱发霜霉病等真菌性病害。成熟期雨水多导致着色不良、糖度低、裂果等问题。因此南方地区宜采用避雨栽培。

葡萄是喜光植物，也是长日照植物。光照充足时，枝叶生长健壮，树体的生理活动增强，营养状况改善，果实产量和品质提高，色、香、味增进，同时，树体的营养积累增多，抗性也随之增强。光照不足时，枝条变细，节间增长，表现徒长，叶片变黄、变薄，光合效率低，果实的坐果、膨大、着色、成熟、糖度、香气等都会受到严重的不良影响。

风对葡萄的作用是多方面的。微风与和风可以促进空气的交换，增强蒸腾作用，提高光合作用，消除辐射霜冻，降低地面高温，减少病菌危害，增加授粉结实。大风对生产带来不良影响。因此，在建园时要充分考虑本地的风向与风力，以便采取必要的防护措施。

葡萄根系发达，适应性很强，对土壤的要求不严，几乎可以在各种类型的土壤中栽培生长。最适宜葡萄生长的土壤是沙壤土或轻壤土。这类土壤通气、排水及保水、保肥性良好，有利葡萄根系生长。沙质壤土上种植的葡萄常成熟早，含糖量高，但果粒较小。含有大量砾石和粗沙的土壤也适宜葡萄栽培，它不仅通气、排水良好，且昼夜温差较大，有利于养分积累，有益于花芽形成，有助于提高果实品质。黏重的土壤对葡萄最为不利，因其透气性差，雨季易积水，根部窒息，促进厌氧生物活动，毒害根系，干旱时又易板结，对根系、地上部生长和果实品质均不利。

土层的深浅、含水量、地下水位高低会影响葡萄根系的分布。土层厚度在1m以上，质地良好，根系分布深而广，枝蔓生长健壮，抗逆性强；土壤表层太薄、地下水位过高均不适于葡萄生长，地下水位一般要求在1.0m以下较适宜。一般当土壤有机质含量达到3%～5%时，土壤水分以田间最大持水量的60%～80%为宜。葡萄宜在微酸性或碱性土壤生长，pH一般以5～7为宜，最适pH为6～6.5。

大气污染对葡萄的生长有一定的不良影响。污染的空气能导致葡萄病虫害发生、土壤酸化，破坏葡萄的生长发育而减产。受大气污染的植株，由于生理机能受阻，会出现枯萎、落叶、减产，且果粒小而不甜，品质变劣，病虫害严重等现象。

(编者：金　燕)

第4章

苗木繁殖与高接换种

葡萄苗木是发展葡萄生产的物质基础，苗木数量的多少直接关系着葡萄发展的速度和规模；苗木质量的好坏不但影响栽植成活率，而且对于植物生长发育、结果早晚、产量高低、适应性能和树体寿命都有极大影响。

一、苗圃地的选择与建立

1. 苗圃地的选择

（1）地形、地势　宜选择交通方便、地势平坦、背风向阳、排水良好的地块或缓坡地（坡度小于5°），地下水位1m以下的地方建苗圃（图4-1）。

（2）土壤　以土层深厚、肥沃、土质疏松的沙壤土或轻质黏壤土为宜（图4-2），土壤pH为6.5～7.5，利于苗木的生长。黏土、沙土、盐碱土，若未经改良，不宜选做苗圃。

图4-1　平原地形的葡萄苗（陈湘云 供图）

沙壤土

轻质黏壤土

图4-2　适宜的葡萄苗圃土壤类型（陈湘云 供图）

（3）水源　苗圃必须有水源条件，河水、井水、库水均可（图4-3），最好安装滴灌设施。

图4-3 葡萄苗圃附近的水源条件

2.苗圃的建立

(1) 苗圃基础建设规划

①划分小区。为了便于农业机械化作业，平地小区应是长方形（图4-4），长边一般不小于100m，南北向；坡地小区的长边应按等高线划分。小区的划分必须与道路和排灌系统相结合，同时做好区划。

②道路系统。大型苗圃一般主道贯穿苗圃地中心，并与主要建筑物相连，外通公路，能双向行驶载重车辆，道宽5～6m。支道能单向行驶载重车辆，道宽3～4m，作为小区的边界（图4-5）。

图4-4 平地划分小区的苗圃基地　图4-5 葡萄苗圃道路系统：支道（焦红伟 供图）
　　　　（陈湘云 供图）

③排灌系统。苗圃排灌系统的设计应与道路相结合，在主道、支道的一侧设置排水系统，在另一侧设置灌水（灌溉）系统。

排水可以采用地面明沟，也可以利用地下暗管。明沟排水视野清楚，沟内淤积清除方便，但占地多，且不便于田间机械化作业（图4-6）；暗管排水埋于地下，不占地，无障碍，提高土地利用率（图4-7）。

图4-6　排水系统：明沟
（陈湘云 供图）

埋于地下的暗管　　　　　　　　　　　　暗管排水

图4-7　排水系统：暗管（王世平 供图）

　　灌溉系统应以圃内水源为中心，结合小区划分来设计。沿主道、支道和步道设置灌溉用的干渠（管）、支渠（管）和纵水沟（管），形成灌溉网络，直达苗畦或苗垄。

　　④苗圃建筑。主要包括办公室、工作室、工具房、储藏库等服务设施的建筑。此外，还包括温室、大棚、配药池等生产设施建筑（图4-8）。

配药池　　　　　　　　　　　　　　　储藏库

图4-8　苗圃建筑（陈湘云 供图）

⑤防风林。大型苗圃需设置防风林。苗圃四周应营造防风林，垂直于主风方向建主林带，在平行方向每间隔350～400m再建立主林带（图4-9）。主林带之间每间隔500～600m，建立垂直于主林带的副林带，组成林网。

图4-9　防风林（甘肃戈壁）

（2）苗圃功能区划分　在基础建设规划的基础上，对大型的、独立经营苗圃应进行分区，将苗圃划分为母本区、繁殖区和轮作区。

①母本区。指提供接穗、插穗、砧木种条的母本树生长区（图4-10）。

②繁殖区。苗圃的主体，占苗圃生产面积的60%～70%，可划分为砧木繁殖区、扦插繁殖区、嫁接繁殖区等（图4-11）。

图4-10　刺葡萄砧木母本区（陈湘云　供图）

砧木繁殖区

扦插繁殖区　　　　　　　　　　　嫁接繁殖区

图4-11　苗圃繁殖区（陈湘云　供图）

③轮作区。一般连续种植同一种类苗木3～4年的繁殖区，应设立轮作区，改种其他养地作物如豆科、十字花科作物1～2年（图4-12），后再种植葡萄苗木。

图4-12　苗圃轮作区：紫云英
（张强鑫　供图）

二、苗木繁殖

1.**扦插繁殖**　根据葡萄枝蔓木质化程度不同，可分为硬枝扦插和绿枝扦插两种。

（1）**硬枝扦插**

①插条的选择。选择充分成熟、冬芽饱满充实的一年生无病虫害枝。要求枝条粗壮，枝条直径不小于0.7cm（图4-13）。

②插条的贮藏。在南方，因离扦插时间还有1～2个月，为保持插条活力，需将冬季剪下来的枝条进行沙藏。

a.枝蔓的剪捆。将符合质量要求的枝蔓剪成每根带有8～10个芽的枝段（图4-14），每20～30根扎成一捆，挂上标签，进行沙藏。

图4-13　葡萄园待采集的硬枝插条
（陈湘云　供图）

图4-14　枝蔓的处理（丁双六　供图）

b.坑床的准备。选择排水良好的背阳地段，挖成长方形的坑，坑底铺沙厚10cm。

c.枝蔓的摆放。捆好的插条可按两种方式摆放，第一种：按顺序横放在沙上，每放一层插条，铺沙5～6cm，并浇一次水，一般放4～5层为宜，顶上盖沙5～10cm，覆盖薄膜，防雨水渗入而烂芽；第二种：按顺序竖放在准备好的沙床上，同样是顶上盖沙5～10cm，覆盖薄膜，注意保温与防烂芽（图4-15）。

图4-15 插条沙藏

d.坑床管理。沙藏期间要保持一定温、湿度，藏温宜保持在3～5℃，沙的含水量以5%～6%为宜，即手握成团不出水，放之即散，潮而不湿。储藏期间要经常检查枝蔓是否有霉烂，如发现问题要及时翻坑、晾晒、杀菌消毒，后再重新储藏。

图4-16 整地覆膜后的苗圃（陈湘云 供图）

③苗圃整地。苗圃应在初冬进行整地。每667m²先施腐熟的厩肥（猪、牛、羊粪等）1 000～2 000kg，加腐熟菜籽饼100kg和过磷酸钙50～100kg，结合翻耕使肥料与土壤均匀混合，整成畦面宽80～100cm，沟宽15～20cm，深20cm的苗床。为提高床温，及时覆盖黑色地膜（图4-16）。

④插条剪截。插条取出后，先在清水中浸泡24h，然后按所需长度进行剪截。单芽长5～10cm，双芽或3芽长10～15cm，顶端芽需充实饱满，在顶芽上端距芽3～4cm处斜剪成马蹄形，下端在离芽0.5cm处平剪，有利于均匀发根。生产上为了便于扦插入土，分清插条的上下端，在离下端芽眼1cm处斜剪，上端3～4cm处剪平口（图4-17）。剪后每50根左右整齐捆成一捆，以便浸蘸生根药剂和苗床上催根受热一致，愈伤组织形成整齐。

图4-17 硬枝插条的两种剪截方法（陈湘云 供图）

⑤插条催根。大多数葡萄品种插条是比较容易生根的，但由于葡萄芽眼在10℃左右即可萌发，而生根需要25～28℃的温度。为提高扦插成活率，一般采用以下方法催根。

a.生长调节剂催根。用于葡萄扦插生根的植物生长调节剂主要有萘乙酸、吲哚乙酸、吲哚丁酸，配成0.3%～0.5%的高浓度溶液，浸蘸3～5s；或用ABT生根粉100～300mg/kg溶液浸泡4～5h，均能较好地促进生根。

b.电热温床催根。温床主要由电热线和自动控温仪组成，具体操作方法如下：发芽前1个月用砖在地面上砌成高30cm、宽1.0～1.5m、长3.5～5.0m的床框，床底铺5～10cm厚的锯末或其他保湿材料，上面铺5～10cm湿河沙，压平实。然后在床两端各固定一根木条，木条上每隔5cm钉一铁钉，将电热线从一端木条铁钉上呈"弓"字形拉到另一端木条上，来回拉满为止（图4-18），最后在铺好的电热线上再铺一层5cm厚的湿沙或湿蛭石即成。

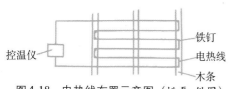

图4-18　电热线布置示意图（姚磊 供图）

电热温床建好后，可通电运行1～2d测试床温，温度稳定在25℃左右时即可使用。如采用自动控温仪，可自动调节床温，既省工又安全，但也要在苗床上安置温度计，随时检测温度，以防控温仪失灵，造成损失。这样就创造了一个地温在25～28℃，气温在10℃以下的最佳催根条件，经生根药剂处理好的插条，一捆挨一捆地整齐立放在温床上，中间空隙用细沙或蛭石填满，露出顶芽。12～14d后即可形成良好的愈伤组织和长出小根（图4-19）。若愈伤组织形成不完全，可再继续催根几天。

⑥扦插方法。经催根处理的插条，当地温稳定在10℃以上时即可进行扦插，南方地区一般安排在3月中下旬。可分

图4-19　经过催根处理过的插条（罗全勋 供图）

为垄插和畦插，扦插前需对已铺好的地膜用竹签打孔，避免损伤新根或地膜将插段口封住。

a.垄插。一般东西作垄，行距40～50cm，先挖宽15～20cm的沟，沟土向垄上翻，形成高12～20cm的垄，然后将插条沿沟壁按15～20cm株距插入（图4-20）。顶芽朝南，插条向北倾斜30°，然后立即灌水，待水下渗后，顶芽上覆土2～3cm。

b.畦插。一般畦宽1.2m，按10cm×30cm的株行距挖沟，每畦插4行，将插条插入沟内（图4-21），顶芽高出地面2～3cm，灌透水，上面覆细土2～3cm。

图4-20　垄插（陈湘云 供图）　　图4-21　畦插生长的葡萄（王建元 供图）

> 垄插地温上升快，发芽早，中耕除草方便，通风透光，苗木生长一般较畦插为好。

⑦扦插苗的管理

a.萌芽期保湿。保持土壤适当湿润是提高扦插苗成活率的关键措施，根据天气情况，利用软管微喷灌水，直至新梢长出4叶。

b.及时立杆。新梢长到40cm以上应及时立杆拉细绳（图4-22），将新梢绑缚在细绳上，引导其直立生长。

c.枝蔓摘心。新梢长到60～80cm时摘心，下部副梢分批抹除，以后顶端发出副梢留3～4叶摘心（图4-23），连续2～3次。

d.肥水管理。新梢长至8叶后，开始薄肥勤施。视幼苗的生长情况施肥3～5次，直至8月底，并根外喷施0.2%磷酸二氢钾和0.2%尿素混合液2～3次。

e.除草。宜覆盖黑色地膜,防除垄面、畦面、沟内的杂草。

f.防治病虫害。重点防治黑痘病、霜霉病、黑斑病、透翅蛾等(图4-24)。

立杆前　　　　　　　　　　　立杆绑蔓后

图4-22　扦插苗立杆绑蔓前后效果对比(陈湘云 供图)

图4-23　枝蔓摘心(陈湘云 供图)　　图4-24　扦插苗的病害虫防治
(陈湘云 供图)

(2)绿枝扦插

①准备苗床。选光照充足,通风良好,排水畅通的地块,挖宽1m、深20~30cm的沟,沟底施入与土壤拌和均匀的腐熟有机肥,厚约15cm,在上面铺一层河沙或蛭石作为插床。插床上面搭设高30~40cm荫棚,上面再盖遮阳网,以减轻强光和高温的影响。如采用全光照弥雾扦插,插床上面也可不搭设荫棚,利用喷雾调节高温和强光;如用木箱或塑料箱扦插少量苗木,也可先放在背阴处,待成活后再移到阳光下。

②选取插条。选较为粗壮的半木质化枝梢，剪成2～3芽的一根，保留上部叶片的1/4左右，剪去其余叶片和叶柄，用生根粉或生根剂处理插条备用。株行距10～15cm，扦插的时间以阴天或傍晚为宜，减少水分蒸发，保证成活。

③插后管理。一般与硬枝扦插的管理方法相同，管理重点是遮阴和供水。全光照弥雾扦插，主要是喷雾，保持插床的适宜温度为23～25℃，相对湿度70%～80%。绿枝扦插1周后，便可产生愈伤组织，2周后可长出幼根，3周左右后可萌芽、展叶，当年可达到出圃标准（图4-25）。

图4-25　棚架遮阴条件下生长的绿枝扦插苗（丁双六　供图）

2. 压条繁殖

（1）水平压条法　在春天芽眼萌动以前，选择接近地面的一年生枝，将其弯成弓形，压入事先挖好的沟中，沟的深、宽各20cm左右，待生根展叶后，断根即可培育成独立的植株（图4-26）。

（2）空中压条法　为了培育盆栽葡萄，可将枝条压入盛满土的容器（如盆、竹筐、木箱或塑料袋）中，枝条的顶端用木棍支撑，待新株生根后，将其剪断，即可成独立的植株（图4-27）。

图4-26　葡萄水平压条法（姚磊　供图）

葡萄空中压条法（姚磊 供图）

空中压条的盆栽葡萄（陈湘云 供图）

图4-27 空中压条

3. 嫁接繁殖

（1）嫁接目的

①增强抗性。欧亚种葡萄有葡萄根瘤蚜和线虫为害，将其嫁接在具有抗性的北美种群及其杂交后代上，可以减轻为害（图4-28）。

②更换品种。淘汰不符合市场需求的品种时，可在其上嫁接优良品种（图4-29）。

图4-28 贝达砧的红宝石无核苗
（陈湘云 供图）

图4-29 红地球上高接阳光玫瑰（基砧为
5BB）（陈湘云 供图）

③快速繁殖新品种。优良品种的接穗嫁接于多年生植株后，植株生长旺盛，可以采集大量枝条，加快繁殖。

（2）嫁接繁殖步骤　主要包括葡萄砧木苗的扦插（同本章中的扦插繁殖）、砧木苗的实生繁殖（具体请参照《南方葡萄优质高效栽培新技术集成》一书中的内容，微信扫右侧二维码即可阅读）与嫁接三大步骤。

嫁接技术主要是在根瘤蚜感染区、高湿的南方地区和高寒的北部地区采用，利用抗性砧木嫁接，以提高葡萄品种的抗性。

①砧木苗的准备

a.坐地砧。是经过一年培育的越冬实生或扦插苗（图4-30）。一般越冬前在基部剪留1～2个芽眼，春天萌发后选留一个生长健壮新梢，其余抹掉。坐地砧提前嫁接，翌年可挂果。

坐地砧　　　　　　　　　　　　　　坐地砧嫁接

图4-30　坐地砧绿枝嫁接（陈湘云 供图）

b.移植砧。是头一年培育的一年生实生或扦插砧木苗，于初冬起苗经一个冬季储藏或第二年春移植到嫁接区继续培养（图4-31）。

c.当年砧。其播种和扦插方法与前述实生苗和扦插苗的培育方法相同。当年砧木苗嫁接，必须早播或催根，并加强土、肥、水管理，使在嫁接前距地表15cm以上的茎粗达0.5cm以上。嫁接成活后，精心管理当年可出圃（图4-32）。

图4-31 移植砧（扦插砧木苗）（陈湘云 供图）

图4-32 当年砧木苗嫁接的生长表现（陈湘云 供图）

②接穗准备

a.接穗品种的选择。选择适应当地自然环境，丰产、优质、抗性较强的优良品种作接穗。

b.采集接穗。硬枝嫁接用的接穗，一般结合冬剪采集。采集充分成熟、芽眼饱满、无病虫为害的一年生枝条，每50或100条捆扎整齐，拴上标签冷藏备用。

图4-33 接穗枝条（陈湘云 供图）

绿枝嫁接用的接穗，要求采用半木质化的主梢或副梢。剪下后立即剪去叶片，保留1cm长的叶柄（图4-33），放入盛有少量水的桶内。最好就地采集，随接随采。若当天用不完，应用湿毛巾将接穗包好，放在低温3～5℃处或湿河沙中保存。

③硬枝嫁接。葡萄硬枝嫁接可采取室内嫁接和室外就地嫁接两种方式，室外可采用劈接，室内可采用劈接或舌接。一般在早春进行。

a.劈接法。时间在早春葡萄伤流之前或砧木萌芽之后。田间劈接的砧木，在离地留3叶左右处剪截，于横切面中心线垂直劈下，深达2～3cm。接穗取1～2个饱满芽，在顶部芽以上2cm和下部芽以下

3～4cm处截取，在芽两侧分别向中心切削成2～3cm的长削面，削面务必平滑，呈楔形，随即将接穗插入砧木切口，对准一侧的形成层，用嫁接膜将嫁接口和接穗包扎严实，露出芽眼（图4-34）。

接穗对准砧木一侧的形成层　　　　　嫁接膜包严嫁接口和接穗

图4-34　多年生葡萄主干田间硬枝嫁接劈接法（晁无疾 供图）

　　室内劈接的砧木是无根的枝条称砧杆，长度15～20cm，2～4节；接穗长度5～6cm，留一个饱满芽（图4-35）。嫁接方法与田间劈接相同，但嫁接后需进行接口愈合和催芽处理（详见舌接法）。

接穗　　　　　　楔形接穗正面和侧面　　　　　　劈接

图4-35　室内劈接法示意图（陈湘云 供图）

　　b.舌接法。由于砧、穗削面完全相同的舌形，田间操作较为困难，只适合室内嫁接。要求砧木和接穗粗细大体相同，直径0.7～1.0cm，在砧条顶端一侧由上向中心削长约2cm的斜面，再从顶端中心垂直下切，与第一刀形成的斜面底部相接，切下一个三角形小片，出现第一个"舌头"；然后在砧杆的另一侧由下向中心削一个与前一削面相平行的斜面，切去另一个三角形小片，出现第二个"舌头"。至此，砧杆的舌形切口即完成。接着用同样的方法切削接穗的舌形切口，其削面的斜度和大小与砧杆相同。将接穗和砧杆舌形切口相互套接，并对准形成层（图4-36），上下对挤后用嫁接膜绑紧，舌接即完成。

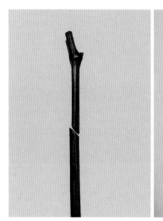 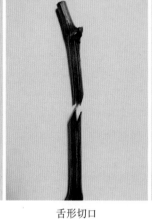 

砧木和接穗的准备　　　　舌形切口　　　　砧穗对齐

图4-36　室内舌接法示意图（陈湘云　供图）

　　室内砧杆嫁接后的枝条，需进行接口愈合和砧杆催根处理（图4-37）。少量接条可垂直排放在愈合箱中，箱底部和接条之间都填充湿锯末，接穗上部芽眼外露，愈合箱放到火坑上或电热温床上，加温到25～28℃，经15～18d后接口开始愈合，砧杆出现根原体或幼根，停止加温锻炼几天后，即可移至苗圃。

　　④绿枝嫁接。葡萄绿枝嫁接目前育苗生产中主要采用劈接法和插皮接法，少量采用搭接（合接法）。

图4-37　砧杆硬枝嫁接后接口愈合和砧杆催根处理（董雅凤　供图）

a. 劈接法具体操作步骤参照硬枝劈接法（图4-38、图4-39）。

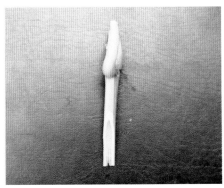
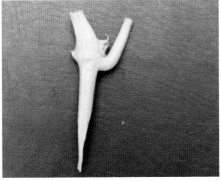

接穗正面和侧面

图4-38　楔形接穗处理（晁无疾 供图）

砧木处理　　　　　　　　　砧木和接穗形成层对齐

嫁接膜包扎切口和接穗　　　　绿枝劈接法成活后的芽

图4-39　葡萄绿枝劈接法示意图（晁无疾、陈湘云 供图）

b.插皮接法。此法与劈接法的主要不同点：一是接穗一面削面一个2～4cm的长削面，呈75°～80°下刀，深达1/3～1/2，然后直下；在对称的一面削一个长约0.5cm的短削面。二是砧木截短后不劈口，用小竹片做成的插签（下端宽约3mm、厚2mm）插进木质部与皮层之间撬出一条缝隙，然后将削好的接穗长削面朝里，短削面朝外插进去，用塑料薄膜条绑扎严实，包括接口和接穗，只露出芽眼（图4-40）。

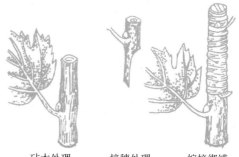

砧木处理　　接穗处理　　嫁接绑缚
图4-40　葡萄绿枝插皮接法（姚磊　供图）

c.搭接（合接）法。同样粗细的接穗和砧木都由一侧向另一侧斜削，并使削面长度达2～3cm，然后相互贴合在一起，把接口和接穗用嫁接膜绑扎严实，只露出芽眼（图4-41）。

⑤嫁接后的管理。大约1周后，发现接穗上的叶柄一触即落，表明嫁接成活，未成活的应立即补接。嫁接后必须保证接穗新梢有120d以上的生长期，4个以上充分成熟的芽眼，因此必须加强

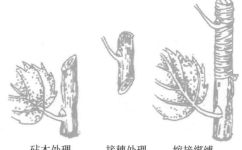

砧木处理　　接穗处理　　嫁接绑缚
图4-41　葡萄绿枝搭接法（姚磊　供图）

日常管理：①反复摘除砧木上的萌蘖，集中营养供接芽萌发和新梢生长。

注意事项

　　绿枝嫁接是现今我国繁殖葡萄苗木最主要的方法，其关键技术：①接穗去叶留柄（长约1cm）。②嫁接速度要快，接穗随接随采。③嫁接后要立即灌水。④砧木及时抹芽除蘖。⑤及时引缚接穗新梢。⑥砧木与接穗间的形成层对齐，接穗削面上需留白0.2～0.3cm，利于愈合组织的形成。⑦接口和接穗必须包扎严密，接穗芽眼外露。

②新梢长到30cm以上时，要及时立杆引缚，防止风折和碰断（图4-42）。③嫁接苗高达60cm左右时即可摘心，促进新梢成熟。④如果苗木生长衰弱，可在新梢长到20cm以上时追施氮肥，后期追施磷、钾肥。⑤根据土壤干、湿情况及时浇水，经常保持土壤湿润。后期要控水，以防苗木徒长贪青。

4.容器育苗　容器育苗是利用塑料袋、纸袋、塑料杯、营养钵或木质容器进行育苗（图4-43），利于苗木迅速生长而采用的一种方法。

图4-42　嫁接苗立杆引缚（陈湘云 供图）

葡萄营养钵育苗

葡萄塑料袋育苗

图4-43　容器育苗（丁双六、周天鸿 供图）

（1）准备营养土　南方需在秋末冬初，北方可在早春将营养土准备好。营养土的配制比例，可根据材料来源确定，就地取材。沙、土和有机物可各1份配置；壤土、炉灰渣、锯末、沙或蛭石可等份配置，再加适量腐熟的人畜粪；塘泥、泥炭土、河沙等等额配制，再加适量磷肥或饼肥（图4-44）。

图4-44　饼肥的发酵（陈湘云 供图）

（2）装袋　袋的大小可根据定植时间的早晚确定，苗高20cm以下时定植，一般是袋长15cm左右、宽8～10cm；苗高30cm左右时定植，一般是袋长20～22cm、宽15～18cm。先在塑料底装少量营养土，再放入剪好的插条，继续装土至离边2～3cm，然后在袋底挖一个排水孔，最后把营养袋放在早已备好的阳畦上，或背风向阳的空地上，立即浇透水，直到把袋内营养土全部湿透为止。

（3）管理　插条扦插以后，前期每隔2～3d喷水1次，后期随着气温的不断升高，可隔1d或者每天喷水1次。待苗高20～30cm时，即可用深栽浅埋的办法，定植于大田。移植时如是纸袋苗，可直接带纸袋移栽；如为塑料袋苗，要去袋移植（图4-45）。

在育苗基地搬运营养袋苗　　　　移植营养袋苗到葡萄园中

图4-45　营养袋苗的移植（周天鸿 供图）

利用容器育苗可单芽，也可双芽扦插，可大量节约优良品种枝条，提高繁殖系数3～4倍。用营养袋育苗，苗子质量高，成活率可达95%以上。

三、葡萄苗木的出圃管理

1.起苗　葡萄扦插苗和压条苗，一般经过一年培养即可出圃（图4-46）。

（1）准备工作　起苗前对苗木品种要进行严格检查，标出或剪除混杂品种，制订出圃计划，落实起苗工具、包装材料、苗木储藏窖等。

（2）起苗　南方在落叶后进行，北方在秋末冬初落叶后进行。起苗时要尽可能保留苗木的根系，离土的苗经不起风吹日晒，须就地培土或假植于湿沙中。

（3）分级　起出的苗木需经整修，剪

图4-46　落叶后的一年生葡萄扦插苗（陈湘云 供图）

去苗木上的枯桩、细弱萌蘖、破裂根系、未成熟枝芽，按等级规格进行分级、捆扎。

（4）检疫　苗木检疫是防止病虫传播的有效措施，严禁引种带有检疫对象的苗木、插条和接穗（图4-47）。

（5）消毒　苗木在出圃时要进行消毒，以防止病虫害的传播。主要有下列两种消毒方法：

①杀菌法。用3～5波美度石硫合剂喷洒或浸枝条10～20min，然后用水洗1～2次，或用1∶1∶100波尔多液浸枝条10～20min，再用清水清洗。

②熏蒸剂消毒法。用氰酸气熏蒸，每1 000m³容积可用300g氰酸钾、450g硫酸、900mL水，熏蒸1h。氰酸气毒性大，要特别注意安全。

图4-47　经检疫过的嫁接苗（赵胜建 供图）

2.包装　苗木检疫消毒后即可包装外运，用塑料袋、麻袋、木箱、蒲包、草袋等作包装材料，用木屑、苔藓、碎稻草作填充物，50～100根插条或10～20株苗木扎成一小捆，每包装20～30捆。内、外系标签，注明品种、等级、数量、产地。

3.**运输** 营养袋苗需用木箱或塑料箱装运。营养袋直径5cm，苗高15cm左右，箱子的高度不低于25～30cm；每个60cm×30cm的箱子，能装70～80株苗。苗木要直立、整齐紧密地放在箱内。装苗的前一天需喷透水，箱装好后，一层一层地摆放在运输车上，一般装4～5层。如长途运输，要盖上篷布。运到定植地或阴凉处暂放时，要喷水保持袋内土壤湿润。

4.**储藏** 如苗木不能及时外运，要进行短期假植（图4-48），可用湿沙埋放在阴凉的房屋内，或选择避风向阳、不积水的地方挖假植沟，深约30cm，长、宽视苗木数量而定，苗木约1/3埋入土中，根部用湿沙填充。埋放的苗木要勤检查，以防湿度过大使根部霉烂，或沙、土过干而致苗木脱水死亡。严寒天气还需采取防冻措施。

图4-48 嫁接苗假植（陈湘云 供图）

四、高接换种

1.**高接换种的时期** 葡萄高接换种的时期可选择在2～3月春季萌芽前，即在春季冬芽将要萌发时进行，此时葡萄枝蔓积累的大量营养物质还未完全被消耗，有利于伤口愈合。亦可选择在4月枝条旺长期进行。

2.**高接换种的方法** 在南方地区，劈接法是葡萄高接换种最为常用的方法。进行高接换种的时期不同，方法也略有不同。

若选择硬枝劈接，1月份就要将换种的植株重剪，在伤流开始前进行换接。具体嫁接部位视树势、树龄、挂果情况等因素而定：盛果期以前的树在主枝上嫁接，离主干30～40cm剪截；进入盛果期后的树，在副主枝上嫁接，离主枝20～30cm剪截（图4-49）；衰老树在萌蘖上嫁接。采用接穗的粗度至少要在1.0cm以上，接穗剪好后将下端浸在清水里10～20h，使之充分吸水后再进行嫁接（具体嫁接步骤参考本章硬枝劈接法）。

高接换种也可于4月进行绿枝劈接，劈接时掌握接穗与砧木的成熟度需一致，均达到半木质化，选择阴天或晴天早上和下午5时以后进行，露芽包扎，密封伤口，将砧木上的芽全部抹除，留2～3片叶（图4-50）。

春季较干旱的地区，可在嫁接前灌水。更新树第二年可恢复产量。

图4-49 高接换种的葡萄植株
（陈湘云 供图）

高接半个月后的发芽状　　　　　　高接一个月后新梢生长状

图4-50 南方葡萄园高接换种（陈湘云 供图）

注　意　事　项

　　高接换种的嫁接时间一定要参考本地葡萄的物候期灵活选择，若采用春季硬枝嫁接宜在平均气温达到9℃以上根系开始活动、伤流将要开始时进行，嫁接容易成活；采用绿枝嫁接应选择气温在20～25℃时进行容易成活，30℃以上、阳光强烈时，嫁接后接穗上面可适当遮阴，且要避免遮阳物接触到接穗引起灼伤。

　　接芽长出新梢后，要及时对新梢进行绑缚，以防风吹折。嫁接后要及时抹去砧木上萌发的新芽，对接穗萌发的副梢也应全部抹除，以促进新梢快速生长。绑扎接口的嫁接膜在葡萄冬季修剪时解除。

（编者：陈湘云　姚　磊）

第5章

葡萄园的建立

葡萄的栽植规模、品种组成、产量和质量的要求，直接取决于葡萄园的定位。因此，葡萄园基地建设的先决条件是：

第一，对葡萄的生产、经营、管理及市场有较全面的了解。目前，葡萄产业的发展已经进入了深层次的产业结构调整时期，在这一时期进行葡萄园的建设需要从技术、生产资本、运营资本、市场营销等方面综合考虑，并分析从事葡萄产业的优势与不足以及如何发展。

第二，要有严格的科学态度，对葡萄基地建设进行可行性论证。对当地的气候、土壤条件及主栽葡萄品种的生长发育状况，要进行详细的调查、分析，避免盲目建园。

第三，充分了解葡萄的品种特性。葡萄品种的遗传特性要在特定的环境条件下才能充分发挥，这就要求每个品种必须种植在最适宜的栽培区域，以充分表现出优良品种的性状。

第四，必须仔细计算葡萄的生产成本、产品竞争力指数，了解目标市场容量及运输成本等诸多因素对销售的影响。针对目前我国产品相对过剩、市场与供给端不平衡等问题，整个产业须进行结构调整，有序地进行品种更新、技术更新与种植模式更新。

总之，只有更好地了解每一个地块和具体品种在土地上的表现，才能避免因盲目扩大种植面积而带来损失。

一、园地的选择

葡萄的适应性较强，但并非任何地方都能种植出优质、市场欢迎、经济效益好的葡萄。因此，正确选择园地、科学地完成建园是葡萄丰产、优质的首要任务。必须根据气候、经济、市场选择适宜品种，结合葡萄品种的生长结果特性，选择适宜的地点建园。

1.气候 不同品种在生长期中要求大于10℃的活动积温达到一定数值，才能满足该品种从萌芽到浆果成熟对热量的需求。干旱少雨、光照充足、昼夜温差大的地区，能满足葡萄生长所需的条件，葡萄浆果含糖量高、着色好、香味浓、病害轻，是选择葡萄园址的理想地方，但根据葡萄需求特性，在我国种植葡萄的完全适宜区域几乎没有，因此，改善微环境的设施必不可少，如避雨栽培。

2.土壤 葡萄根系在疏松、通气性好的土壤中才能正常生长和发挥良好吸收功能。因此，应选择土层深厚的冲积土、壤土、黏壤土、沙壤土和轻黏土建园为宜，且要求土壤中没有害重金属污染、土质肥沃疏松、有机质含量在3.0%以上（图5-1、图5-2）。这类土壤的通透性好，有利于根系生长，但应注意增施有机肥和防止漏肥漏水。重黏性土与盐碱地一般不宜建园，或需改良后再建园。

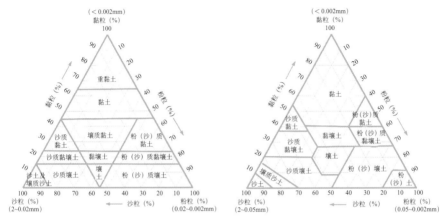

图5-1　国际制土壤质地分类图（金燕 供图）　图5-2　美制土壤质地分类图（金燕 供图）

3. **水源**　水是葡萄生命活动的重要物质，一切营养物质都必须有水的参与才能被植株吸收并输送到机体各器官。宜选择水源充足、排灌便利、地势较高、地下水位低的园地。

4. **交通**　葡萄不耐贮运，尤其是鲜食品种，一般应在城市郊区、铁路、公路和水路沿线、交通方便的地方建园。交通不便且无销售市场的边远山区不宜发展大型葡萄园，可适当发展一些庭院葡萄，以解决村镇少量之需。

5. **市场**　建园之前要对拟销售市场、销售人群进行充分的市场调研，并对拟销售市场周边葡萄种植情况及已进入拟销售市场的葡萄生产基地进行认真调研，掌握生产与销售的一手资料，根据调研情况，选择适宜品种，做好早、中、晚品种搭配，确定建园规模。

二、葡萄园标准化规划与设计

葡萄园的整体规划与设计首先应根据园区的定位，如都市科普型、观光休闲型、近郊采摘型、市场供应型的不同，结合地理位置特点，进行整体定位→种植模式的确定→栽培设施计划→道路设计→小区规划→详细施工图→建设。只有对园地进行科学的规划与设计，才能合理地利用土地。

1. 准备工作

①调查、收集与分析当地的气象、地质、土壤、水文、植物、产业、人口、资源等资料。

②调查市场、农业效益、农村劳动力、建园材料、农机设备、交通条件、农民收入等社会经济状况。

③分析当地土地、种植行业政策与配套、分析选址区域特色、特点、优势与缺陷，开展建设风险评估。

④分析企业、团队和资金运行状况，分析资金能力与资金来源渠道，进行资本运营分析。

⑤收集地形图或对适宜园地进行地形测量，以备园地规划使用。

⑥对选址区域进行详细调查，勾画出园区发展轮廓，制订一期、二期、三期等建设规划，设计园区成长、发展方向。

⑦制订园区建设时刻表。

2. 园地规划

(1) 小区的划分　一般来说，小区中的作业区的面积要因地制宜，平地以 $1.3 \sim 3.3 hm^2$ 为一小区，$4 \sim 6$ 个小区为一大区，小区的形状呈长方形，长边应与葡萄行向一致；山地以 $0.7 \sim 1.3 hm^2$ 为一小区，以坡面大小和沟壑为界决定大区的面积，小区长边应与等高线平行，要有利于排、灌和机械作业。南方地区，一般以南北行向为宜。

(2) 道路系统　根据园地总面积的大小和地形地势，决定道路等级。大型葡萄园由主道、支道和作业道组成道路系统。主道应贯穿葡萄园中心，与外界公路相连接，要求大型汽车能对开，一般主道宽6m以上；山地的主道可环山呈"之"字形而上，上升的坡度小于7°。支道设在作业区边界，一般与主道垂直，通常宽 $3 \sim 4m$，可通行汽车。作业道为临时性道路，设在作业区内，可利用葡萄行间空地，用作小型农用运输机械等运输肥料、农资、产品和打药的通道。

注 意 事 项

　　道路系统的建设过程中，需要考虑滴灌系统管理区域、用电区域、信号采集与智能管理的用电设施预留。如滴灌系统中因道路原因将种植区分割，道路建设时需要预埋管网通道等。

（3）防护林体系　葡萄园设置防护林有改善园内小气候，防风、沙、霜、雹的作用。边界林还可防止外界干扰、护园保果。70hm² 以上的葡萄园，防护林体系包括与主风方向垂直的主林带、与主林带相垂直的副林带和园边界林（图5-3）。35hm² 以上的葡萄园可设主林带和园边界林，或两者统一兼用。主林带由3～5行乔灌木组成，副林带由2～3行乔灌木组成。主林带的间距为300～500m，副林带的间距为100～200m。边界林一般是将外层密栽的小乔木或带刺的灌木修整成篱笆，起到护园保果作用；内可设2～3行乔木组成的防护林带。一般林带占地面积约为葡萄园总面积的10%。

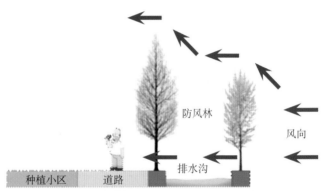

图5-3　防护林、沟渠、道路与种植小区布局（徐丰 供图）

（4）指示植物、相关附属设备　现代葡萄园中，利用指示植物预警病害、检测虫情与预报显得更为重要，因此在小区、道路规划完成后，需要合理配置预测预报体系，通过预测预报，更加科学与提前进行病虫害等的预防，达到事半功倍的效果。如：作为葡萄的霜霉病指示植物，可以在道路靠近小区旁种植藤本月季，因其相对于葡萄来说更易感染，可提前发现霜霉病（图5-4）。

图5-4　月季叶片霜霉病发病症状

（5）其他　包括工具房、休息室、公厕、路灯、黑光灯等，根据园区实际需求进行合理配置（图5-5）。

图5-5　诱杀灯

3. **水利设计**　葡萄生长期对水的需求较为严格，自然降水分布不均衡，时干时渍都不利于葡萄的生长发育。因此，应建立起旱能灌、涝能排的水利设施。南方雨水较多的地区，深挖排水沟将地下水位降至0.8m以下。

（1）**灌水系统**　为更方便葡萄生产的管理，省力追肥，节约用水，按需灌溉已经成为必需条件，因此，合理设计与布局葡萄园滴灌系统对整个园区的肥水管理、果实品质的提升显得尤为重要。

无论是利用江、湖、河、库的水源或利用地下水源入园，均需注意水质，应无污染源。水源引入后需要经过增压泵、过滤系统、肥源加入与均质系统，然后经过后过滤，再进入主管道与各级支管，直到各个滴灌终端。完整的水肥一体的灌溉系统包括以下几个关键部分（图5-6）。

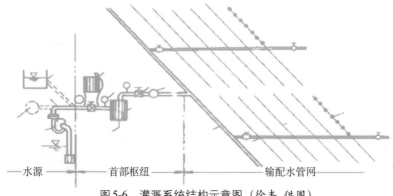

水源　　　　　首部枢纽　　　　　输配水管网

图5-6　灌溉系统结构示意图（徐丰　供图）

①增压泵。一般使用离心泵进行增压，但在水中杂质较多的情况下，亦可利用绕轮泵，其维护便利并能够根据水质的黏度和杂质含量自动降压。

②首部枢纽系统。包括粗过滤系统与细过滤系统，这一部分可以接入施肥组件，是实现水肥一体功能的关键部位。其中，粗过滤系统使用较多的为沙石过滤器、离心过滤器；细过滤系统常见的是碟片过滤器。选择过滤器时一定要注意过滤器的承压，安装时一定注意进出口不能反装，尤其是各个厂家生产的碟片过滤器，进出水方向均有细微差别。为便于在灌溉时将肥源加入，需要在安装滴灌系统时考虑合理配置肥料加入系统。

③输配水管网系统。由主管、支管、毛管相互连接组成。主管：为整个灌溉系统的主动脉，尽量少走弯路，摆放时要直。支管：支管分别与主管和毛管相连接，为重要的灌溉中间部分，支管一般小于主管而大于毛管。为便于维修，一般在支管与主管连接的部分布设控制阀门。毛管：毛管为连接灌溉终端与支管的连接小管，也为整个滴灌系统中的易损管件，毛管一般为软质的PE管。

④终端。灌溉终端主要为滴头或近地微喷，经田间观测，适宜的近地微喷灌溉效果优于滴头，但对水质和肥料质量要求较高（图5-7）。

定量施肥器肥料溶液浓度随时间变小

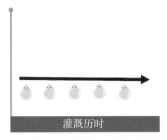
定量施肥器肥料溶液浓度保持恒定

图5-7　不同施肥装置与肥料溶液浓度的变化（徐丰　供图）

⑤控制。分为手动与自动控制，自动控制中又以简易电气控制、计算机系统控制和物联网控制比较常见。根据需求合理选择，成本价格相差非常大。

（2）排水系统

①明渠排水。在作业区内，平畦或高畦栽植的葡萄园，可利用栽植畦直接把水引入支排水渠，再由支排水渠汇集到总排水渠。各级排水渠的高

程差为0.2% ～ 0.3%（图5-8）。

②暗管排水。采用塑料管、陶管、瓦管、水泥管等材质的多孔管，周边填充砾石，埋于地下，由不同规格的排水管（一定管面积上有若干孔眼，用于重力水渗入）、支管和干管组成地下排水系统，按水力学要求的指标施工，可以防止淤泥（图5-9、表5-1）。埋管深度和排水管间距，可根据土质确定（表5-2）。

图5-8　明渠结构图（徐丰 供图）

图5-9　暗渠排水沟（陈恒 供图）

表5-1　暗管的水力学要求指标

管类	管径（cm）	最小流速（m/s）	最小比率
排水管	5.0 ～ 6.5	0.45	5/1000
支管	6.5 ～ 10.0	0.55	4/1000
干管	13.0 ～ 20.0	0.70	3.8/1000

表5-2　不同土壤与暗沟排水的深度和沟距关系（单位：m）

土壤	沼泽土	沙壤土	黏壤土	黏土
暗沟深度	1.25 ～ 1.50	1.10 ～ 1.80	1.10 ～ 1.50	1.00 ～ 1.20
暗沟间距	15.00 ～ 20.00	15.00 ～ 35.00	10.00 ～ 25.00	8.00 ～ 12.00

通过明沟排除地面积涝、暗沟排除土壤积水（图5-10），一般能做到及时排水，保持土壤合理的持水量，为葡萄根系生长创造最适宜的水分条件。

三、品种的选择和配置

品种选择以适宜为重点，充分了解品种的适应性、抗病性、抗逆性、丰产性、优良性和缺点。同时考虑以下几个方面：

1. **生产方向**　主要取决于销售市场。根据鲜食葡萄市场的大小和周围酒厂的有无，决定选择鲜食品种还是酿酒品种。鲜食品种可根据市场进行早、中、晚熟搭配，主栽品种不宜过多。酿酒品种的选择应取决于酒厂产品的类型，不同类型的产品要求的品种不同。

2. **气候条件**　主要是降水、温度和光照。南方地区高温多雨，避雨栽培可选择欧亚种葡萄，露地栽培则以欧美杂交种为主，早、中、晚熟品种均可选择。

3. **区域化栽培**　在确定了生产方向和品种类型以后，重要的工作就是在可供选择的品种中选择最适合当地栽培的优良品种。确定品种组合必须对所选品种的原产地和生态适应范围、品种抗性、丰产性、品质等有全面的了解，最终确定 3 ～ 5 个主栽品种。大型葡萄生产基地，为了减少特殊年份所造成的损失，还应保留 1 ～ 2 个抗性强、丰产、品质中等或偏上的保险品种。

4. **经济实力与栽培技术水平**　在经济实力强、栽培技术水平较高的产区，可采取各种措施，排除不利因素，如采用大棚、温室、避雨、限根等设施生产优质鲜食葡萄，以符合市场需求，提高经济效益。

四、土壤改良

土壤改良到位，则根系生长发育良好，葡萄生长势好，树体健壮，后期管理轻松，果品质量优良。常见的改良土壤的方法如下。

1. **清除植被**　建园前首先必须连根清除树木、多年生宿根杂草等自然植被，如果在栽培过葡萄的旧址重建新园，除了将老葡萄树连根挖掉外，还需在栽植前 2 ～ 3 个月每 $667m^2$ 施入 20L 的二氯丙烯，深翻 20 ～ 40cm 进行土壤消毒，减少真菌性病害与病毒病的危害。

2. **深翻熟化**　深翻可以疏松土壤、提高土壤肥力、扩大根系分布的范围。葡萄园定植前翻耕的深度通常为 60 ～ 80cm。若土壤中有石砾或纯沙等不良结构层，深翻的深度以不超过不良结构层为宜；在地下水位高的地段，翻耕也不宜过深；在未耕种过的荒地，特别是沙荒地建园，由于土壤过于瘠薄，有机质和速效养分含量低，宜先种植绿肥，以改良土壤结构。

3.**客土** 在土壤瘠薄的山坡地或砾石地，均需进行客土才能有足够的土层保证葡萄的正常生长发育。一般土层不到30cm厚时应客土；在半风化母岩或心土夹杂大量石块的地段，秋季挖深1.5m、宽2m的大坑，坑底铺垫厚约60cm的粗糙有机质或绿肥，上填肥沃细土，灌水沉实后栽植葡萄；在砾石地表层挖大坑或栽植沟，清除砾石，进行客土，均可成功地栽培葡萄。

4.**限根栽培** 在土层特别瘠薄、无法进行整体改土的情况下，可以采用限根栽培，进行小范围改土和起垄改土，与传统改土来说，其最大的区别在于确定了需要改土的总量，大大减轻了改土的工作量，改良后的土壤需要保障有机质的含量大于8%、透气、保水、肥源充足等条件。

五、葡萄苗木栽植

1.行向与株行距

（1）**行向** 行向应根据架式、地形、风向、光照等因素确定。要考虑灌溉、耕作的方便。篱架葡萄在平地上的行向多采用南北走向，南方地区高温多湿气候条件，真菌病害严重，应特别注意通风。平地倾斜式棚架或水平式棚架宜采用东西行向，葡萄枝蔓由南向北爬，葡萄植株日照时间长，受光面积大，光照强，光合产物多。屋脊式棚架宜采用南北走向，葡萄枝蔓对爬，可减少相互遮阴。山地葡萄园行向根据坡向决定，应沿等高梯田种植，以防止土壤冲刷流失。棚架葡萄架口向上，枝蔓由下向上爬。在经常有大风危害的地区，行向应尽量与大风的方向平行。

（2）**株行距** 葡萄的栽植密度根据架式而定，架式又与品种、地势、土壤、作业方式有关。一般生长势强的品种，栽植在土壤肥沃，水、热资源充足的地方，宜稀植，反之，则宜密植。山地多采用棚架栽培，株行距一般为（1.5～2.0）m×（3.0～6.0）m，每667m^{2}栽植56～148株。平地多采用篱架栽培，株行距一般为（1.0～1.5）m×（2.0～3.0）m，每667m^{2}栽植148～333株。为获得早期产量，采用计划密植，密株不密行，待结果4～5年后，再隔株间伐，达到原设计的密度。

2. 定植沟的准备

（1）挖定植沟　平湖区沟宽0.6 ～ 0.8m，深0.5 ～ 0.6m；山丘岗地挖定植沟宽1 ～ 1.2m，深0.8 ～ 1.0m；平湖区的板结土壤按山丘岗地挖定植沟。一般按南北行向。

（2）施基肥　施基肥应根据园地的土壤状况决定，一般每667m² 施饼肥150 ～ 250kg、磷肥100 ～ 150kg、锯木屑200 ～ 300kg、人畜肥1 000 ～ 2 000kg、40%硫酸钾复合肥40 ～ 50kg、锌肥2kg、硼肥2kg。山丘岗地磷肥选用钙镁磷；平湖区选用过磷酸钙。施肥前10 ～ 15d将饼肥与磷肥充分搅拌后加水堆沤发酵，隔3 ～ 5d加水翻拌，并用塑料薄膜覆盖保温保湿。定植沟挖好后，先将饼肥、磷肥、锯木屑、人畜肥、锌肥、硼肥各一半均匀撒施于沟底，并深翻沟底将肥料与土充分拌匀，再回填一半土层，将上述另一半肥料均匀撒施后，将肥料与土拌匀，并捣碎大块土团至鸡蛋大小，然后将开挖土方全部回填后将复合肥均匀撒施1米宽，将肥料与土拌匀后，开沟整垄，垄沟宽50 ～ 70cm，深20 ～ 30cm，将肥料覆盖（图5-10至图5-13）。此项工作应在栽苗前1 ～ 2个月完成。

图5-10　开挖定植沟（刘昆玉 供图）

图5-11　改土与培肥（刘昆玉 供图）

图5-12　机械回填（刘昆玉 供图）

图5-13　起垄结合排水沟开挖（刘昆玉 供图）

3. 苗木定植方法

（1）栽植时间 南方地区从秋季至翌年春季均可栽植。一般可在地温达到7～10℃时进行。如栽植面积较大，栽植时间可适当提前。温室营养袋育苗可在生长期带土定植。

（2）处理苗木 苗木在定植前对枝蔓实行重剪，一年生苗通常留2～4个芽剪截，二年生以上苗也只需4～6个芽剪截。对根系的修剪应尽量保留粗根和侧根，剪去受伤的根，并剪平根系断口，有利于新根的发生，一般保留根长20～30cm。远运或受旱的苗木应放在清水中浸泡12～24h，充分吸水后可提高苗木的成活率；对苗木用50mg/L萘乙酸或25mg/L吲哚丁酸浸根12～24h（远运和受旱苗木可在浸根的同时进行）。对苗木用5波美度石硫合剂浸蘸枝蔓消毒、灭菌、杀虫，可减少在生长期的病害。嫁接苗应解除嫁接膜。

（3）栽植前的准备 为培育发达的根系，扩大吸收区域，在挖葡萄栽植沟时，一定要尽可能加宽、加深。株行距较小的篱架葡萄可适当宜窄、浅，一般宽60cm，深60～80cm。株行距较大的棚架葡萄应尽量宜宽、深，一般宽、深各1～1.5m。

注意事项

> 挖沟时间宜在栽植前一年秋季进行，可减少春季栽植的压力，并可使挖出的深层土进行风化。挖沟时注意将表土和深层土分别放在沟的两侧。

（4）栽植方法 苗木栽植（图5-14）时，在栽植点作成龟背形土堆，将苗木根系舒展放在土堆上，当填土超过根系后，轻轻提苗抖动，使根系周围不留空隙，然后填土与地面平，踏实灌透水。待水渗入后，在苗木四周培15～20cm高的小土堆，保湿防干，并能提早发芽。栽植深度一般以根颈处与地面平齐为宜，嫁接苗接口要高出地面5～10cm。

苗木定植后畦面一般采用地膜覆盖，在苗木定植后至发芽前，雨后晴天覆膜，一般选用1.0～1.2m宽、1.4～2.0丝厚的黑色地膜，苗木处打一个直径5cm的孔，将苗木掏出可以提高早期地温，保持土壤湿度，并使苗木生长迅速、健壮，有利于早期结果，特别对提高干旱地区苗木成活率作用很大。

建园也可用插条直接定植，如加强管理，也可实现2年结果，3年丰产。扦插方法基本与栽苗相同。可先灌水、覆膜，再扦插，每穴插2根插条，顶芽略高出地膜。

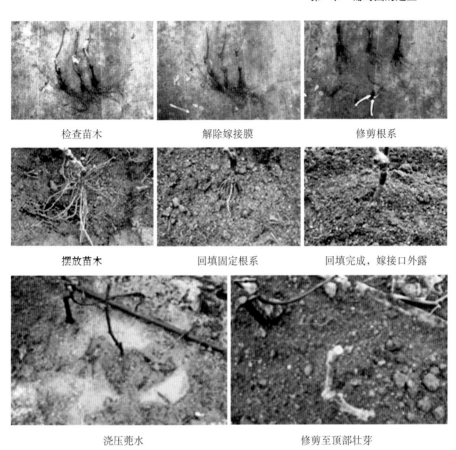

检查苗木　　　　　　解除嫁接膜　　　　　　修剪根系

摆放苗木　　　　回填固定根系　　　回填完成，嫁接口外露

浇压茓水　　　　　　　修剪至顶部壮芽

图5-14　苗木栽植图示（徐丰 供图）

（5）**绿苗定植建园**　绿苗就是在早春（2～3月）利用各种增温催根技术培育的营养袋苗。6月中下旬栽植。栽植前15～20d进行炼苗，控制灌水，增加直射光照。绿苗要有3～4片叶，高10cm以上，抽生出3～4条根为好。选择阴天或傍晚栽植，将塑料袋划破取出，保留原土栽入定植穴内，及时灌足水，经常保持土壤湿润，保持不缓苗持续生长（图5-15）。还要根据苗木生

图5-15　苗木的栽植（徐丰、刘昆玉 供图）

长情况，及时竖立柱、拉铁丝、绑新梢，多次追肥，结合病虫害防治喷叶面肥，培育壮苗，为第二年结果奠定基础。

4. 定植后的管理

（1）提高苗木成活的措施　苗木定植后7～10d，芽眼开始萌动。应及时抹除砧木上长出的萌蘖；为促进发根，及时喷施0.1%～0.2%的尿素液等叶面肥，补充营养。

（2）促进苗木生长的管理措施

①选定主蔓定植苗木。当新梢长到10cm左右时，按整形要求选出主蔓，多余新梢留4～5片叶摘心或去掉。

②松土除草。如果畦面未覆盖地膜，应经常中耕除草；如果畦面已经覆盖地膜，须去除地膜，提高土壤通透性，促进发根。

③追肥、灌水。萌芽后，天气干旱时，应经常浇水，新梢8～10叶开始淋施氮肥，同时灌水，以加速苗木生长。后期可每隔7～10d连续喷施0.2%的磷酸二氢钾，以促进枝芽成熟。

④立杆绑蔓。待苗木长达30～40cm时，在苗旁立杆绑蔓，以加强顶端优势，促进苗木生长。

⑤摘心和副梢处理。根据整形要求选留的主蔓，第一年冬剪时一般剪留长度为1.0～1.5m，最长不超过2m。主蔓新梢上发出的副梢，留先端2个副梢各留3～4叶反复摘心，其他副梢可留1片叶摘心，可促进主梢上冬芽充实。对生长势强旺的品种，也可长放一部分副梢留作翌年的结果母枝，可增加第二年的产量。

⑥病虫防治。对葡萄危害较大的黑痘病、霜霉病、褐斑病、白腐病等易引起早期落叶，应及时喷药预防。

⑦雨季排水。进入雨季应及时排水，避免积水。

⑧冬季修剪。于落叶后待枝条内的一部分养分回流到根系时，进行冬剪，修剪至当年生已充分成熟的枝蔓，粗度0.6cm以上，剪留1.0～1.5m，最长不超过2m，副梢结果母枝留基部3～4芽剪截。

六、葡萄架的建立

葡萄架的建立，为适应省力化，便于人员出入与田间管理机械操作，建议采用高干、宽行、起垄或限根栽培。要求预留工作通道、机械通道，方便管理。

1. **架式及结构** 在南方高温、高湿的气候条件下，真菌性病害严重，葡萄无需防寒，可采用篱架、双"十"字V形架、T形架等。应用较多的主要有篱架和棚架。

（1）篱架 架面与地面垂直或略有倾斜，葡萄枝蔓附着其上形似绿色篱笆，故称为篱架。目前生产上主要应采用如下几种。

①单臂篱架。架高1.5 ～ 2.2m，行内每间隔5 ～ 6m设一立柱，行距1.5 ～ 3.0m，立柱上第一道铁丝距地面0.6 ～ 0.7m，往上每间隔0.4 ～ 0.5m拉一道铁丝，沿行向组成立架面（图5-16）。

图5-16　葡萄单臂篱架（姚磊 供图）

单臂篱架的主要优点是适于密植，成形快，早果、丰产；光照、通风条件好；田间作业方便，便于机械化。缺点是绑蔓费工，下部枝蔓结果部位低，易染病害。

②双臂篱架。由双排单臂篱架组合而成，一般为倒梯形，底部两臂间距50 ～ 70cm，上部两臂间距80 ～ 100cm，架高1.5 ～ 2.2m，上部两臂立柱还可采用竹木横档加固，每臂上的铁丝分布与单臂篱架相同（图5-17）。

双臂篱架的枝蔓密度大，通风透光差，病害不易控制，浆果品质会受影响，应适当扩大行距。此种架式适于光照好、土壤较瘠薄的山地和生长势较弱的品种。

图5-17　葡萄双臂篱架（姚磊 供图）

图5-18　葡萄双"十"字V形架模式图（姚磊 供图）

③双"十"字V形架。该架式是由浙江省海盐县农科所杨治元老师研发而成。由架柱、2根横梁（下横梁长60cm，上横梁长80～100cm）和6根铁丝组成（图5-18）。葡萄行距2.5～3.0m，柱距4～6m，柱长2.5m，埋入土中0.6m。纵横距要一致，柱顶要呈一平面。两头边柱须向外倾斜30°左右，并牵引锚石。需用材料，每667m²柱45～67根，长短横梁各45～67根，铁丝1 600m左右。

(2) 棚架（图5-19）

①小棚架。小棚架是由大棚架改造发展而来的，它克服了大棚架架面过宽的缺点。架根处的立柱高1.2～1.5m，架梢高2～2.2m。小棚架行距4～7m。这种架式的优点是：行距较大棚架缩小一半，每667m²栽植株数增加，枝蔓迅速布满架面，定植后3年达丰产。

知 识 拓 展

　　双"十"字V形架架式的特点：夏季将枝蔓引缚呈V形，葡萄生长期形成三层：下部为通风带，中部为结果带，中、上部为光合带。蔓、果生长规范，能计划定梢、定穗、控产，实行规范化栽培，提高果品质量。

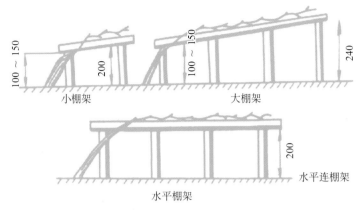

图5-19　葡萄的棚架（单位：cm）（姚磊 供图）

②大棚架。大棚架的架面一般呈倾斜状，架根处的立柱高1.5 ~ 1.8m，为作业方便，架梢高2 ~ 2.5m以上。这种架式既适合平地、庭院，又适宜山地、丘陵。大棚架行距8 ~ 15m；行距大，少挖定植沟而节省人工，改土施肥集中，投资相对少。不足之处：由于行距大，枝蔓爬满架的时间较长，前期葡萄产量较低；单株负载量大，要求根系供应能力强，对肥水要求高；主蔓损伤后更新时间长。

③水平棚架。将多排的小棚架呈水平状架面连结在一起，成为一个大的架面。适宜在土地平整的地块建园，立柱高2m，行宽6m，每行两排立柱，每个立柱间距4m。行间立柱对齐，以铁丝替代横杆，架面铁丝纵横交叉。

④水平连棚架。优越性是：架高2m左右，有利于小型机具在架下耕作和人工操作；架的抗力加大，不易损坏，每年减少大量的维修成本；架面水平，生长势缓和，平面和立面结合，形成立体结果，保丰产；通风透光好，减少病害侵染，使浆果品质提高；由于用铁丝替代横杆，减少架材投资，节省建园成本（图5-20）。

图5-20　水平连棚架
　　　（姚磊 供图）

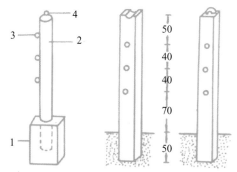

具有水泥柱基的钢铁管立柱　顶部凹槽的水泥立柱　顶部扣环的水泥立柱

图 5-21　立柱（单位：cm）（姚磊 供图）
1.柱基　2.柱身　3.侧圆孔　4.顶圆孔

2.架材的选用　葡萄架主要由立柱、横梁、顶柱、铁丝、坠线 5 个部分组成，架材是建园中最大一项投资，应本着节约的原则，就地取材，分期建架，以降低建园的成本。

（1）立柱　立柱是葡萄架的骨干，因材料不同，可分为钢管柱、水泥柱、木柱、竹竿等（图 5-21）。

①钢管柱。一般采用直径 3.81 ～ 5.08cm、长 2.3 ～ 2.5m 的热镀锌钢管，下端入土部分 50cm，用沙、石、水泥的柱基，既增强固地性，又可防腐（图 5-6）。可购置废钢铁管代替新铁管，地上部用油漆防锈，以降低成本。

②水泥柱。水泥柱由钢筋（直径 5.0 ～ 6.0mm）、河沙、卵石、水泥浆预制而成，一般采用 400 号水泥，建筑用的沙和卵石。

③木柱、竹竿。我国盛产楠竹与树木，可就地取材。一般立柱选用小头直径 10cm 左右即可，埋入地下部分应涂沥青防腐。

（2）横梁　建立倾斜式棚架时要有横梁，篱架双"十"字 V 形要有横档（小横梁）。水平连棚架，行长在 50m 之内，中间可用 8 号铁丝、钢丝或直径 6.0mm 钢筋代作横梁，而超过 50m 后，应在行向每间隔 50m 左右处设横梁（用圆木或铁管），棚架两头的边柱上必须设横梁。横梁用竹、木、铁管均可。

（3）铁丝或钢丝　铁丝应选用镀锌铁丝，防止生锈。常用 8 号、10 号、12 号铁丝或用 12 号、18 号钢丝。此外，每行架两头还需用坠线和坠石，为加固水平连棚架，每行架两头还应采用顶柱。

3.立架　树立的支架必须牢固，除能经受葡萄枝蔓和果实的重负外，还要能经受当地极端天气时的大风。

（1）边柱的建立　无论是篱架，还是棚架，边柱都承受整行架柱的最大负荷，它不仅承担立架面的压力，而且还承受中间各架负荷的拉力（图 5-22）。在选材上，边柱要比中间立柱大 20% 以上的规格，长 20 ～ 30cm。边柱埋设有 3 种方法。

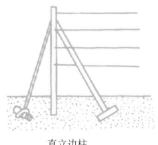

直立边柱　　　　　　　外斜边柱

图5-22　单边柱的建立（姚磊 供图）

（2）中柱的建立　篱架行内每间隔5～6m直立埋设一根中柱（图5-23），埋入土中深约50cm，架中柱距葡萄栽植点的距离，单臂篱架为30cm；双臂篱架为25～35cm。

棚架行内每间隔4～5m直立埋设一根中柱，深约50cm。架根柱距葡萄栽植点为50～60cm。架梢柱与架根柱相对应，两柱间隔距离视葡萄行距和棚架结构而异，一般以4m为宜。

图5-23　中柱的建立（刘昆玉 供图）

（3）横梁或横档的建立　倾斜式棚架的架根柱和架梢柱顶端之间由横梁连结（图5-24）。竹、木横梁、大头朝架根，小头向架梢；边柱上横梁由于承受整个架面负荷50%以上的拉力，需选粗度最大、材质最佳的横梁。横梁与立柱之间用长杆螺丝固定牢，不得松动。篱

图5-24　横梁或横档的建立

架的横档，最好用长杆螺丝将它与立杆固定。

（4）坠线与坠石的建立　每行架柱的边柱外侧，都应设立坠线和埋设锚石（图5-25）。坠线一般采用双股8号镀锌铁丝，绑在边柱的上部，与边柱呈45°～50°角拉向地下，伸入地面70～80cm，下端系在长约50cm

的水泥柱或锚石块上。

（5）拉线　每行架柱之间都由8号和10号镀锌铁丝或12号和18号钢丝，按40cm×50cm间距组成立架面和棚架面（图5-26）。铁丝由边柱或边柱上的横梁固定，顺行向立柱或横梁拉向另一头，用紧丝器拉紧并固定，以后每年春季葡萄上架前均需维修架面。

图5-25　坠线的建立（刘路 供图）　　图5-26　架面和棚架面的拉线（刘路 供图）

4.避雨棚的构建　避雨栽培是以避雨为目的将薄膜覆盖在树冠顶部的一种方法。在我国长江以南地区，因降水量大，高温、高湿，露地栽培葡萄真菌性病害严重，产量低，品质差，限制了欧亚种葡萄的种植。避雨栽培是克服这一问题的有效途径。

（1）篱架覆盖　在单臂篱架的顶部顺行向搭成简易小拱棚（图5-27），木横梁1.2～1.4m，拱杆用竹子做成，骨架搭好后，用宽2m、厚度

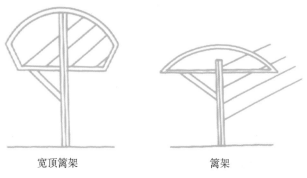

宽顶篱架　　　　　　　　篱架

图5-27　篱架简易覆盖（姚磊 供图）

0.03～0.05mm的耐高温长寿薄膜覆盖在骨架上，薄膜两边翻卷用黏胶剂粘合，膜上横向拉压膜线，50cm一道。

(2) **水平架波浪形避雨棚** 葡萄园行距2.5m，每块以30cm宽的水沟相隔，沟深以便于排水或灌水为度。避雨棚顶部离地2.3m，于1.8m以上处建避雨棚，棚宽2.2m，棚高0.6～0.7m（图5-28）。棚顶与棚边用木条固定，用竹片做成弓形并扎钉。每50cm钉1竹片。竹片上覆膜，膜厚0.06mm，每50cm用一压膜线（可用机用包装带代替），膜的宽度以盖至棚边或稍宽为宜。每一单架加两根横梁，离地105cm处一根（60cm长），离地140cm处一根（80～100cm长），横梁可用钢管或杂木条或粗楠竹等。每一单架有三层六道铁丝，第一层离地80cm，双道（绕柱），第二层和第三层铁丝分别固定在横梁两端，一般采用10号铁丝。端柱12cm×12cm×280cm，埋入土中50cm，用铁丝绑锚石埋于土中或用柱作边撑以固定，防止倒塌。中柱10cm×10cm×280cm，横梁固定处可留1孔穿铁丝，柱间距6m，中间柱埋于土中50cm。水平架波浪形避雨棚雨水在波谷流下入排水沟，这样可尽量保护架面，仅在波谷处受到雨淋，影响较小。在充分避雨的前提下，膜覆盖面越小越好，以保证棚内良好的通风性能。为避免薄膜在架面上形成高温损伤叶片，葡萄枝蔓顶部离架面以30～40cm为宜。

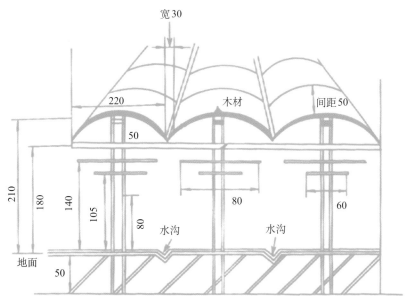

图5-28 葡萄波浪形避雨棚（单位：cm）（姚磊 供图）

（3）装配式镀锌钢管大棚 避雨设施可以直接采用联合6型、8型装配式镀锌钢管大棚（图5-29）。适宜的棚长度为30～45m，棚宽6～8m，棚顶高3～4m。棚间距1m左右，南北向搭建。6m大棚每个大棚种植1～2行葡萄，8m大棚种植2～3行葡萄。棚顶覆膜可选聚乙烯膜（PE）或乙烯醋酸乙烯膜（EVA），无滴类型，厚度在0.06～0.08mm。

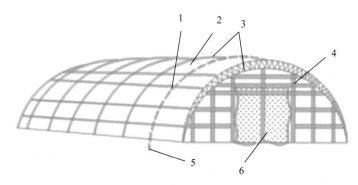

图5-29 装配式镀锌钢管大棚（姚磊 供图）
1.压膜线 2.棚膜 3.钢结构桁架 4.卡槽 5.地锚 6.门

（4）避雨棚架设施 请参照《南方葡萄优质高效栽培新技术集成》一书中相关内容（微信扫右侧二维码即可阅读）。

七、平地轻简化建园

平地轻简化建园步骤如下（图5-30）。

①肥料和有机质等运到地块，根据土壤检测的相关指标（包括pH、有机质含量、总氮、磷、钾的检测数据等），制订改土、培肥方案，补充有机质及各种营养元素。pH6.5左右，前茬作物为水稻、油菜轮作的稻田，建议每667m²地施入有机肥4～5t，15-15-15复合肥100～200kg，钙镁磷肥100～200kg，酸性土撒入生石灰100～150kg，在田间均匀布点堆放或撒施。

②利用大型农用机具，进行深翻一次，旋耕一次，将肥料与园土充分混匀。

③用小型挖机，进行地块的整理。

④整垄备用，垄的宽度2.8m，垄与垄之间的垄沟宽30～40cm，深30cm。

基质、肥料到田　　　　大型旋耕机旋耕，将肥料、表土混匀

挖机翻土　　　　　　　机械整垄开沟

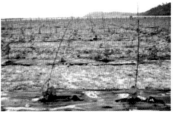

苗木消毒　　　　　　　苗木种植与竹竿牵缚

地钻开挖水泥立柱孔　　水泥立柱成行栽植与架面拉设

第二年覆盖避雨棚膜　　第二年每667m^{2}产量750～1 000kg

图5-30　轻简化建园图解（刘昆玉、徐丰 供图）

⑤苗木进行根系修剪，根部用辛硫磷800～1 000倍液浸蘸20～30s，杀灭寄生虫源，地上部用6～8波美度的石硫合剂浸蘸6～10s，用以杀灭附着在枝条和芽鳞上的病原孢子等。注意该项工作只能针对未萌动的葡萄种苗，萌发后则不能按照此方法进行。

⑥种植苗木，按照前述方法，种植完后，扦插毛竹竿（若能够在萌芽前期完成立柱和搭架工作，该步骤可省去，换乙烯线从地面绑缚引至第一层铁丝）。

⑦栽植水泥立柱，利用地钻按照定点位置进行打孔，栽植，柱顶拉线做水平，压实固定。

⑧完成架面第一层的拉线，便于培养2个主臂。

⑨第二年萌芽前拉设完所有架面，并完成避雨棚膜的覆盖，完成所有建园工作。

⑩第二年根据树体情况每667m²控制产量在750～1 000千克。

（编者：徐　丰）

第6章

土、肥、水管理

一、土壤管理

1.深翻改土 葡萄的根系一般分布深度可达1~2m，深翻改土可以疏松土壤，改善土壤结构，促进微生物活动，提高土壤肥力，扩大根系分布和吸收范围，增强树势和提高产量。建园定植前的深翻或挖定植沟的深度通常为60~80cm，但在地下水位高的地段翻耕不宜过深，挖沟深度以见地下水为度，而且墩要加高并采用高畦栽培；土壤中有石砾或纯沙不良结构层的园地，深翻的深度以不超过不良结构层为宜。对土层进行深翻改良，定植后对定植沟以外的土层尚未熟化，可结合秋施基肥（9~11月）时进行隔行、隔年或全园翻耕，一般距离树干50cm外挖深40~50cm，之后逐渐扩大深翻范围，最后达到全园深翻（图6-1、图6-2）。

图6-1　定植前深翻定植沟（张妮 供图）

图6-2　定植后深翻施基肥（路遥 供图）

注意事项

　　①深翻时，应注意新沟和旧沟，尽量避免重叠，也不能相距太远使两沟之间出现隔离层，有碍于根系延伸生长。②深翻深度视土壤质地而异。黏重土壤宜深，且回填时应掺沙壤土或田园壤土；山地果园深层为沙砾时宜深，以便拣出大的砾石；地下水位较高的土壤宜浅，以免造成涝害。③对于撩壕栽植的葡萄园，宜隔行深翻，且应先于株间挖沟，使扩穴沟与原栽植沟交错沟通，并与坎下排水沟相通，解决原栽植沟内涝问题。④深翻时尽量少伤根，切勿伤及骨干根，剪平伤根断口。根系外露时间不宜过长，避免干旱或阳光直射，深翻回填后立即浇透水，促其恢复生长。

2.清耕　清耕是指在葡萄园内不间作作物，在生长季内多次浅中耕、松土除草，一般在灌溉后、雨后或根据杂草生长情况及时进行，以保持表土疏松无杂草（图6-3）。目的是清除杂草、减少水分蒸发和养分消耗、改善土壤通气条件、促进微生物活动、增加有效养分、减少病虫害、防止有害盐类上升等。在杂草出苗期和结籽前进行除草效

图6-3　葡萄园清耕法（刘昆玉 供图）

果更好。清耕深度一般为5～10cm，里浅外深，尽量避免伤害根系。

　　长期进行清耕会使土壤团粒结构遭受破坏，土壤有机质含量降低快，易出现各种缺素症，造成树势减退，且费时费工，不适合长期施用。

3.生草　生草是指在葡萄园的行间或全园实行人工种草或自然生草。人工种草，一般在葡萄行间种苜蓿、草木樨、三叶草等禾本科草类，而自然生草则可根据果园内自然生长的草的种类，留取低矮、根系浅的种类，不对其耕锄（图6-4、图6-5）。

图6-4　自然生草栽培（刘昆玉 供图）

图6-5　人工生草栽培（刘昆玉 供图）

　　优点是土壤不用耕作，从而减弱了雨水对地表土层的冲刷，防止水土流失，增加了土壤有机质，促进土壤团粒结构的形成。在南方高温和

地下水位低的地区，夏季覆草可降低地温、减少土壤水分蒸发，有利于根系生长。

注 意 事 项

　　为了防止草与葡萄争夺肥水，需注意控制草的高度，在适当的时间进行刈割并增施氮肥，避免争夺养分。刈割后的草可覆于行间，既可降温保湿，又可增加土壤有机质及有效养分的含量。

　　4. 种植绿肥　在幼年或土质贫瘠的葡萄园，最好采用每年间种冬、夏季绿肥的制度（图6-6），做到养地与用地相结合，提高土壤肥力，达到以短养长的目的。夏季绿肥主要有大叶猪屎豆、印度豇豆、豇豆、豌豆、绿豆等；冬季绿肥主要有肥田萝卜、油菜、燕麦、黑麦、豌豆、苕子、紫云英、黄花苜蓿、蚕豆、三叶草等。选择绿肥的品种应根据葡萄园的具体情况决定：刚开垦的瘠薄地葡萄园，以间种适应性强、耐瘠薄的肥田萝卜、油菜、燕麦、黑麦等为宜；土壤初步熟化后，再种绿豆、豌豆、苕子等豆科绿肥；已经熟化的土壤，可间种紫云英、蚕豆和黄花苜蓿等。

图6-6　葡萄园撒种绿肥

　　不同的绿肥种类播种期稍有差异。一般在9～10月播种，宜早不宜迟，且以冬季绿肥为主，冬、夏季绿肥相结合，一般多数绿肥每公顷播种量为45～75kg。绿肥的翻压时间最好选择在鲜株产量和养分含量最多的时期，翻压过早，鲜草产量低；翻压过迟，不利于养分的分解。翻压的适期一般是：豆科作物在初花至盛花期，田菁在现蕾期。

注 意 事 项

　　播种前，若土壤过干，则应先灌水后翻耕，使出苗整齐，苗生长壮实。立春后气温回升，应追施尿素或稀薄人畜粪，促进绿肥生长。

　　5.合理间作　葡萄园间作是将葡萄与低矮作物互补搭配而组建的具有多生物种群、多层次结构、多功能、多效益的人工生态群落，充分利用近地面空间和浅层土壤养分、提高光能利用率和土地利用率，是一种有效的土壤管理措施（图6-7）。

图6-7　欧洲葡萄园间作花卉

　　间作物的选择应满足以下条件：植株矮小、生育期短、避开葡萄旺盛生长期；与葡萄没有共同的病虫害，且用药时对两种作物均无伤害；不与葡萄争肥争水；间作物能有较高的经济效益等。

　　葡萄园间作物大致有如下八大类：

　　①豆类。大豆、小豆、绿豆、蚕豆、豌豆、矮生菜豆等。

　　②薯类。马铃薯、甘薯等。

　　③瓜果类。草莓、西瓜、香瓜、甜瓜等。

　　④蔬菜类。胡萝卜、萝卜、冬瓜、角瓜、菠菜、葱、小白菜等。

　　⑤矮小花、草类。一年生矮小草本花卉、多年生矮小木本花卉、草皮等。

　　⑥根生作物类。甜菜、花生等。

　　⑦矮小苗木类。葡萄苗、花卉灌木苗、菜秧等。

⑧食用菌和中药材类。木耳、香菇、草菇、细辛、天麻等。

注意事项

　　间作物应与葡萄植株定植点相距0.5m以上；葡萄开花期和浆果着色期，间作物尽量不灌水，以免影响葡萄坐果和着色；间作物不能使用含有2，4-D成分的农药和除草剂，以防伤害葡萄叶片。

　　6.地面覆盖　在葡萄园内进行地面覆盖可抑制杂草生长，减少地面蒸发，防止水土、养分流失，利于根系生长，增强树势和抗病性，提早浆果成熟，并提高品质和产量。地面覆盖可以选择地膜、地布（图6-8）、反光膜（图6-9），也可用稻草、杂草、山青、秸秆、锯木屑、塘泥等材料，一般在萌芽前后或在旱季前中耕后覆盖于树盘或全园，树盘覆盖时一般每株用鲜料70～100kg。覆盖物经分解腐烂后成为有机肥料，可改良土壤。

注意事项

　　地面覆盖容易导致葡萄根系上浮，在南方地区的旱季应增加灌水，以防土壤干裂，造成表层断根。

　图6-8　覆盖地布加白色无纺布

图6-9　覆盖银色反光膜（刘昆玉 供图）

　　7.免耕　免耕法，即尽量对土壤不进行耕作，土壤应保留前茬经济作物或绿肥作物残茬覆盖（图6-10）。

　　免耕系统中作物残茬还田，可以减少成本和降低能耗，土壤结构不受影响，通过碳循环过程促进了植物碳向土壤有机质和腐殖质的转化，增加土壤肥力，减少土壤板结，抑制土壤害虫活动。

图6-10　免耕割草覆盖（刘昆玉 供图）

実行免耕法禁止使用除草剂，尤其是阿特拉津（莠去津）和2,4-D，严重污染土壤、果品，不符合绿色果品的要求。

二、营养与施肥

1. **营养元素的生理效应**　葡萄种植后一般会固定在一个地块生长几十年，根系吸收土壤中的大量有效矿物质养分，因此需要不断通过施肥加以补充，才能满足葡萄每年生长发育所需。

（1）**葡萄所需营养元素及其生理功能**　葡萄在整个生命活动中需要有氧、氢、碳、氮、磷、钾、钙、镁等大量元素和硼、铁、锰、锌、钴、钼、钠、氯、铜等微量元素。

①氮。氮是组成各种氨基酸和蛋白质所必需的元素，而氨基酸又是构成植物体中的核酸、叶绿素、磷脂、维生素等物质的基础。氮肥在葡萄整个生命过程中主要促进营养生长，扩大树体，使幼树早成形、老树延迟衰老，因而氮肥又被称为"枝肥"或"叶肥"。

缺氮时，叶片小而薄（图6-11），枝叶量少，叶色黄化，萌芽开花不整齐，新梢生长势弱，植株矮小，抗逆性降低，落花落果严重（图6-12），果穗、果粒小；若氮肥施用过量，又会引起枝叶徒长，消耗大量的糖类，影响开花结果，果实糖分降低，着色不好，成熟期延迟，植株易受冻害、旱害。

图6-11　葡萄氮素过少（刘昆玉 供图）

图6-12　缺氮导致落果
（刘昆玉 供图）

②磷。磷是构成细胞核、磷脂等的主要组成成分，积极参与糖类的代谢和加速多种酶的活化过程，调节土壤中可吸收氮的含量，促进新根的发生和生长，提高根系的吸收能力，增强植株抗寒和抗旱能力，还能促进花芽分化、果实发育、种子成熟，增加产量和改进品质，因而磷肥又被称为"实肥"。

图6-13　葡萄缺磷叶片症状

缺磷时，葡萄叶面积小，叶片由暗绿色转变为青铜色，叶缘紫红，出现半月形坏死斑（图6-13），基部叶片早期脱落，花芽分化不良，果实品质和植株抗逆性降低；磷素过多又会抑制氮、钾的吸收，并使土壤中或植物体内的铁不活化，植株生长不良，叶片黄化，产量降低，还易引起锌素不足。因此，在施磷肥时，要注意氮、钾等元素之间的比例关系。

③钾。钾对糖类的合成、运转、转化起着重要的作用，可促进果实的膨大和成熟，提高品质和耐贮性，并可促进枝条加粗生长和成熟，提高抗逆性。葡萄是喜钾作物，尤其在果实成熟期间的需求量最大，由于钾的可

移动性强，它的果实、叶片和正在旺盛生长的新梢中含钾量最多，因而葡萄有"钾质作物"之称。

缺钾时，在夏初新梢中部的叶片上，首先是叶缘褪绿黄化，逐渐扩大到主脉间失绿（图6-14），接着叶缘出现的焦枯并向上或向下卷曲，叶片逐步变成褐色或黄色枯死，严重时老叶发生许多坏死斑点。此外，枝条成熟度差，果实含糖量低，着色不均匀或难以着色，植株抗逆性下降。

图6-14 葡萄缺钾叶片症状

④钙。钙是细胞壁及细胞膜的重要组成部分，在植物体内起着调节酸碱反应、平衡生理活性的作用。钙在树体内难以移动。适量钙素可减轻土壤中钾、钠、锰、铝等离子的毒害作用，使植株正常吸收铵态氮，促进根系的生长发育。

缺钙时，首先表现在新根、新叶、顶芽及果实等生长旺盛的新器官。新根短粗、弯曲，尖端不久褐变枯死；叶片较小，幼叶叶脉间和叶缘褪绿（图6-15），严重时枝条枯死和花朵萎缩。缺钙与土壤pH或其他元素过多有关。当土壤强酸性时，则有效钙含量降低，含钾量过高也会造成钙的缺乏。钙素过多，土壤偏碱性而板结，使铁、锰、锌、硼等成为不溶性，导致果树缺素症的发生。

图6-15 葡萄缺钙叶片症状

⑤镁。镁是叶绿素和某些酶的重要组成成分，促进蛋白质的合成，对植株的光合作用和呼吸代谢有一定的影响。镁能促进植物体内维生素A、维生素C的形成，提高果实品质。

缺镁时，叶绿素不能形成，出现失绿症，尤其在老叶叶脉之间褪绿形成黄绿色、黄色，最后叶肉组织黄褐坏死，仅叶脉保持绿色，植株生长停滞，严重时新梢基部叶片早期脱落（图6-16至图6-21）。

⑥硼。硼能改进糖类和蛋白质的代谢作用，促进花粉粒的萌发和子房的发育，有利于根的生长及愈伤组织的形成，能提高维生素和糖的含量。硼主要分布在生命活动旺盛的组织和器官中。葡萄一般花期需要硼较多，如能在花期酌情喷硼，可减少落花落果，提高坐果率。

缺硼会使花芽分化、花粉的发育和萌发受到抑制，坐果率明显降低。叶片缺硼的症状表现为幼叶出现油渍状的黄白色斑点（图6-17），叶脉木栓化变褐，老叶发黄向后弯

图6-16 葡萄缺镁叶片及果实症状
（刘昆玉 供图）

曲，花序发育瘦小，种子发育不良，无籽小果增多，果形变弯曲。

图6-17 葡萄缺硼叶片症状（雷志强 供图）

⑦锌。锌参与生长素的合成，又是多种酶的组成成分和活化剂。锌还可促进蛋白质代谢，增强植物的抗逆性。

缺锌的典型症状是"小叶病"，即新梢顶部叶片狭小或枝条纤细，节间短，小叶密集丛生，叶片皱缩，严重时从新梢基部向上逐渐脱落（图6-18）。缺锌还造成果穗上大小粒现象，但果粒不变形或不出现畸形果粒。

⑧铁。铁是光合作用中氧化还原的触媒剂，是呼吸作用中氧化酶的重要组分之一。铁虽不是叶绿素的组成成分，但在叶绿素的形成中不可缺少。铁在树体内不易移动。

图6-18 葡萄缺锌果实症状（雷志强 供图）

缺铁时会影响叶绿素的形成，幼叶失绿，叶肉呈黄白色，叶脉仍为绿色，因此，缺铁症又称为黄叶病。严重缺铁时，叶小而薄、叶肉呈黄白色或乳白色，随着病情加重，叶脉也失绿呈黄色，叶片出现栗褐色的枯斑或枯边，逐渐枯死脱落，甚至发生枯梢现象，同时花序黄化，花蕾脱落，坐果率低（图6-19）。

图6-19 葡萄叶片和果实缺铁症状（雷志强 供图）

(2) **缺素原因** 葡萄缺素的原因很复杂，有土壤、品种和砧木的因素，也可由栽培技术不当引起。

①土壤发育的基础条件不同，出现土壤中缺乏某些元素。如缺乏有机质的风积沙土多为贫氮、缺硼；淋溶性强的酸性沙土多为贫钾少锌；酸性火成岩发育而成的土壤，多为贫钙；碱性土、排水不良的黏土，多为缺钾；由花岗岩、片麻岩风化而成的土壤，多为贫锌；由黄土母质发育而成的土壤，多为贫铜等。

②土壤中含有的元素，由于干旱无水不能成为溶液，或溶液pH不适宜而成为不可给态，或元素被土壤颗粒吸附固定，或元素间的不协调而影响一些元素不能被根系所吸收等。

③由于土壤管理不善，如土壤板结缺少氧气，固、气、液三相比例失调，使养分成为不可给态；因早春和冬季气温低或夏秋季高温，限制根系的活动和某些元素的吸收等。

④由于品种对土壤性质不适应，如康太葡萄在石灰质土壤中栽植，造成严重缺铁、缺锌，出现叶片黄化、新梢节间缩短、叶小丛生等症状。

⑤栽培技术不当，也常引起缺素症。如老园改造时在原栽植沟上重栽、葡萄苗圃连年重茬，土壤中积累了较多的有毒物质，影响某些元素的吸收；施肥不科学，造成肥料流失或不到位等。

图6-20　土壤酸化导致葡萄缺镁
（刘昆玉　供图）

图6-21　缺镁导致着色不均
（刘昆玉　供图）

(3) **缺素症的矫正**

①缺锌。将锌肥如硫酸锌与有机肥混合后土施，也可叶面喷施。土施的常用量为每667m²施0.3～0.7kg；叶面喷施的浓度为0.1%～0.2%。土

施有效期长，效果缓慢；叶面喷施，效果较快，但有效期短。

②缺硼。结合基肥施入硼砂，一般每667m²施2～3kg，或是在花前1～2周叶面喷施0.1%～0.2%硼砂，也可在生长季每株根施硼砂50g。

③缺镁。生长季叶面喷施0.3%～0.4%硫酸镁3～4次。此外，镁离子与钾离子有拮抗作用，缺镁严重的果园适当减少钾肥的施用量并增施有机肥可有效缓解缺镁症状。

④缺锰。可将可溶性锰盐如硫酸锰与有机肥混合后施入，也可叶面喷施，一般用量是每667m²施0.7kg左右。开花前喷施0.3%～0.5%硫酸锰2次，间隔1周左右。

2.肥料的种类 肥料主要分有机肥及无机肥料两种。

（1）**有机肥料** 有机肥料是动、植物的有机体和动物的排泄物，经微生物发酵腐熟后形成的有机质。生产上常用的有厩肥、禽粪、堆肥、饼肥、人畜粪、灰肥、骨粉、土杂肥、绿肥等，所含营养元素比较全面，除含有氮、磷、钾主要元素外，还含有微量元素和各种生理活性物质（包括维生素、氨基酸、蛋白质、酶等），故称为完全肥料，多作基肥施用（图6-22）。

图6-22 葡萄常用有机肥 （熊娇军 供图）

施用有机肥不仅能供给植物所需的营养元素和各种生理活性物质，而且能增加土壤的腐殖质，改良壤结构，提高土壤活性和保肥保水能力。

（2）**无机肥料** 无机肥料是指从地矿、海水、空气中提取营养元素，经化学方法合成或物理方法加工而成的单元素和多元素肥料，因不含有机质，故又称为矿质肥料或化肥。

化肥具有多种类型，有由一种元素构成的单元素化肥；由两种以上元素组成的复合化肥；有粉状、结晶体、颗粒型和液体化肥。化肥的基本特点是养分元素明确，含量高，施用方便，易保存，一般易溶于水，分解快，易被植株吸收，肥效快而高（图6-23）。但是长期使用化肥，有很多弊端：易使土壤板结，土壤结构及理化性状恶化；施用不当，易导致缺素症的发生，也易产生肥害，或被土壤固定，或发生流失，造成很大浪费。

因此，葡萄园的施肥应以有机肥为主，以化肥、生物肥料为辅，土壤施肥与叶面施肥相结合，尽量减少单施化肥给土壤带来的破坏性效应。

葡萄常用无机肥料　　　　　　　沟施无机肥料

图6-23　化肥（刘昆玉　供图）

（3）生物肥料　生物肥料又称为微生物肥料或生物菌肥，是一种含有微生物的活体肥料，它主要是靠它含有的大量有益微生物的生命活动来完成，是以微生物的生命活动使植株获得肥料效应（图6-24）。

生物肥料是一种活制剂，施用生物肥料能改善土壤团粒结构、增强土壤的物理性能和减少土壤颗粒的损失，可以促

图6-24　葡萄常用生物肥料（韩羽飞　供图）

进植株生根，提早成熟，提高植株的抗病、抗旱性。另外，大量的生物菌群还能分解土壤中的化肥、农药残留，溶解污水灌溉后的重金属残留，起到净化环境的作用。施用生物肥料时要避免和杀菌剂混用，以免降低生物菌的肥效。

3.土壤施肥方法

(1) 施肥量　计算施肥量前应先测出葡萄各器官每年从土壤中吸收各营养元素量，扣除土壤中能供给量，再考虑肥料的损失，其差额即理论施肥量，计算公式如下：

$$施肥量 = 果树吸收肥料元素量 - 土壤供给量/肥料利用率$$

在萌芽前芽膨大期葡萄花芽尚在继续分化，及时补充养分，可以促进葡萄的花芽进一步分化，并为萌芽、展叶、抽梢等生长活动提供营养，追肥以氮肥为主，用量为全年追肥量的10%～15%。

巨峰系列葡萄在土壤有机质较高的条件下，花前一般不需施肥，否则易导致落花落果；定植后的第一年和结果期在6年以上树龄的葡萄园地力下降，需要补充肥料，通常每667m²施腐熟人畜粪2 000kg，加尿素5～10kg，加硼砂2kg，45%硫酸钾复合肥20～25kg加硼砂2kg。红地球、夕阳红、藤稔等坐果率高的品种，必须每年施芽前肥，提高产量、品质。一般视地力情况每667m²施入腐熟人畜粪1 500～2 000kg，尿素5～10kg，硼肥2kg，硫酸钾复合肥30kg。

(2) 施肥方法　葡萄根系分布与地上部枝蔓分布具有"对称性"，篱架葡萄的根系集中分布在原栽植沟内，且深，施肥应在栽植畦两侧挖深沟分层施入；棚架葡萄的根系大部分偏重分布于原栽植沟内和架下，少数分布到架外，其比例为（5～7）：1，施肥应在架下由浅到深，逐年扩展。

土壤施肥的具体方法：

①条沟状施肥。离主干50～70cm以外，在行间、株间或隔行人工或用机械开沟施肥，也可结合深翻进行（图6-25）。

②放射状施肥。离主干50～70cm以外，向四方各开一条由浅而深的沟，其长度因株行距而定。此法较环状沟施肥伤根少，但挖沟时也要避开大根。可每隔1～2年更换放射沟位置施肥一次（图6-26）。

③穴状施肥。在葡萄根系分布的范围内，从根颈向外钻孔或挖穴，每孔直径20～30cm，由里向外逐渐加深（10～40cm）、加密（1～3个/m²），肥料混土施入或追施肥水（图6-27）。此法基肥和追肥都适用，特别

图6-25　条沟状施肥法（姚磊　供图）　　　图6-26　放射状施肥法（姚磊　供图）

适宜颗粒肥料和液体肥料的机械施肥，肥料分布面广，伤根少，孔穴复原后通透性好，利于发根，肥效高，省肥、省工。

　　④环状沟施肥。即在主干外围50～70cm以外挖深宽各20～30cm环状沟施肥。此法操作简单，经济用肥，但挖沟易切断水平根，且施肥范围较小，一般多用于幼树（图6-28）。

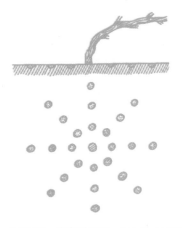

图6-27　穴状施肥法（姚磊　供图）　　　图6-28　环状沟施肥法（姚磊　供图）

　　⑤全园施肥。成年树或密植园，根系已布满全园时，将肥料均匀撒布园内再翻入土中（图6-29）。因施入较浅，常导致根系上移，降低根系的抗逆性。此法若与放射状施肥隔年更换，可互补不足。施肥时注意浓度和用量，以免产生肥害，且结合施肥进行翻土。

图6-29 全园施肥法（陈恒 供图）

⑥灌溉式施肥。该项施肥是与喷灌、滴灌和渗灌结合施肥的一种施肥方法，也称为水肥一体化施肥（图6-30）。施肥效果更佳，营养分布均匀，不损伤根系，不破坏耕作层土壤结构，肥料利用率高、成本低，尤其对山地、坡地的成年园和密植园更为适合。液肥浓度也应控制在适宜的范围内，人畜粪（须安装过滤装置，避免管道堵塞）应控制在10% ～ 20%，化肥控制在0.5% ～ 0.8%。

图6-30 水肥一体化（王先荣 供图）

4.幼年园的施肥

（1）幼苗追肥 当葡萄幼苗发芽后，由于根系浅、根量少，对定植沟的基肥暂时吸收不到，为了促进幼苗旺长，发芽后应及时追肥，追肥的原则应掌握薄肥勤施、先淡后浓、先少后多。

一般当葡萄幼苗长至8 ～ 10叶时开始追肥（图6-31、图6-32），每

图6-31 幼苗追施人畜粪肥（张妮 供图）

株树每次淋施3～5kg肥水。每7～10d追施1次，宜逐渐增加所施肥料浓度。第一次可用0.15%尿素加5%人畜粪，第二次用尿素0.2%，人畜粪浓度不变，第三次尿素0.25%，人畜粪10%。苗高达到1m以上时，尿素浓度提高到0.3%，人畜粪浓度提高到12%左右。气温在30℃以上时，尿素浓度控制在0.3%以内，人畜粪控制在10%以内，特别是天气炎热的中午（上午11时至下午4时）更应注意浓度。

7月下旬至8月中旬，离树50cm以外，沿行向两侧每40cm打1个直径8cm以上、深30cm以上的孔或开20cm宽、30cm深的沟，每667m²施饼肥75～100kg，硫酸钾复合肥15～25kg。

图6-32 新建园打孔追肥（王先荣 供图）

（2）幼年园秋季基肥 定植当年的秋季应施足基肥（图6-33），为第二年结果打好基础。施肥量应根据品种、树势、地力和架势等确定。南方地区一般在9月底至10月初开始施基肥，距主干60cm以外，沿行向两侧打洞或开沟40～50cm施用。生长势弱或需肥量大的欧亚种，每667m²施饼肥200kg、磷肥50～100kg、人畜粪1 000～1 500kg、硫酸钾

10 ～ 15kg、尿素10kg、硼砂2kg、硫酸锌2kg；生长势强或巨峰系欧美杂交种减半施用。基肥施后应灌水保湿5 ～ 7d。

图6-33 幼年园开沟施基肥（刘昆玉 供图）

5.结果园的施肥 葡萄结果园的施肥应根据各地葡萄的生长物候期来进行。

（1）催芽肥 当葡萄开始萌芽时，若树体营养水平较低，此时氮肥供应不足或过多，会导致大量落花落果，影响营养生长，对树体不利，故生产上应注意施催芽肥。一般春季气温上升到10℃以上时，芽开始膨大进而萌发，长出嫩梢，但根据气温和雨水的变化，萌芽期或早或迟，南方大部分地区大多数品种都在3月中下旬至4月上旬萌芽，催芽肥（图6-34）一般3月上中旬，即萌芽前半个月施入。但在开花前1周至开花期，禁施速效氮肥，谨防坐果率较高的品种在花期强旺生长、导致受精不良而出现落花落果的现象。

图6-34 结合浅耕施催芽肥（刘昆玉 供图）

催芽肥的施用量应根据品种、树势、地力、架势和树龄等确定。南方大部分地区如红地球等坐果率高、需肥量大的品种需要施催芽肥；红宝石无核等生长势特强的品种，一般少施催芽肥；巨峰系欧美杂交种坐率低的品种，一般不施催芽肥。长势中等的葡萄园或需肥中等的品种每667m^{2}施复合肥15～20kg；需肥较多的葡萄园每667m^{2}施尿素10kg，复合肥15～20kg；缺镁的葡萄园应该再加施硫酸镁4～5kg。

（2）壮果肥　花后幼果和新梢均迅速生长，需要大量的氮素营养，壮果肥可促进果实膨大和新梢正常生长，扩大叶面积，提高光合效能，有利于糖类和蛋白质的形成，减少生理落果。一般施肥期应掌握坐果率高的品种在谢花期开始施肥；坐果率低的品种则在着果后果粒黄豆大小时开始施肥。

南方大部分地区分两次施用，每次施用一半。第一次施肥后10～12d进行第二次施肥。两次壮果肥总共施用量为每667m^{2}饼肥100kg、50%硫酸钾25kg、磷肥50kg、尿素10～15kg。施肥时将氮、磷、钾化肥混匀后撒施畦面，浅翻入土或在畦两边开沟施肥后覆土（每次施一边或每次两边均施，不宜开穴点施），施肥后应适当浇水保湿（图6-35）。

另外，还可进行叶面追肥，在果粒硬核期以后每10d喷1次3%～5%的草木灰和0.5%～2.0%的磷肥浸出液，或喷施0.15%～0.20%的磷酸二氢钾，连续喷施3～4次，对提高果实品质有明显作用。

图6-35　壮果肥施后滴灌保湿（张妮　供图）

（3）上色肥 南方地区一般6月下旬至7月上旬为梅雨期末期，浆果开始进入成熟期（早熟品种6月上中旬，中熟品种6月中下旬，晚熟品种7月上中旬），需施一次上色肥（图6-36）。此时正值果实着色初期，施肥对提高果实糖分、改善浆果品质、促进新梢成熟都有作用。此次追肥以磷、钾肥为主，也可添加少量速效氮肥（如枝叶茂盛可不加）。注意易裂果的品种不可施氮肥。

上色肥施用量通常每667m^{2}施磷肥50～100kg，50%硫酸钾20～35kg。可用打孔器打洞施用，一般每行葡萄两边离树干50cm，每隔40cm左右打一个洞，将肥料按规定数量施入洞中并覆土盖严；或两边开10～15cm的小沟施入，施后覆土、浇水以提高肥效。

另外，可加施叶面肥以增加浆果体积和重量、提高含糖量、增加着色度、促进果实成熟整齐一致。可结合病虫害防治时连喷2次0.15%～0.20%的磷酸二氢钾或1.0%～2.0%的草木灰浸出液。

图6-36 葡萄施上色肥

（4）还阳肥 葡萄果实采摘后应施用一次还阳肥，以补充树体在结果时消耗的大量营养物质，使树体及叶片保持健壮，促进当年花芽分化、枝蔓木质化，为下一年稳产奠定基础。还阳肥可在采果后1周之内进行，每667m^{2}施尿素15～20kg，50%硫酸钾10～15kg。

（5）基肥 秋季施基肥（图6-37、图6-38）可提高树体的贮存营养水平，有利于当年花芽分化和增进新梢、枝蔓木质化，增强越冬能力，为翌年春季萌芽、新梢生长、开花、坐果创造丰足的养分来源，南方地区在10月中旬前完成施基肥。

图6-37 湖南农业大学干杉葡萄基地施基肥（白描 供图）

图6-38 秋季开沟施基肥（刘昆玉 供图）

①施肥量。基肥应以有机肥料为主，适当掺入一定数量的矿质元素，并加入适量的过磷酸钙。红地球等坐果率高、丰产性强、需肥量大的品种，一般每667m²施饼肥200～300kg、磷肥50～100kg、人畜粪1 000～1 500kg、50%硫酸钾10～15kg、硼砂2kg、硫酸锌2kg；巨峰系欧美杂交种和生长势旺的葡萄园的施肥量应减半施用。

②施肥方法。篱架葡萄园在树干两侧、棚架在架的后部距树干60cm处，开沟40～50cm深、30cm宽，长度按架长短为宜。要逐年扩大范围，直至超出定植时1m宽的沟为宜。遇有细小须根时可切除，把肥料填入沟中，挖松与土拌匀，然后覆土，施用后灌水土壤保湿5～7d。

6.叶面施肥　叶面施肥（图6-39）约为植株吸收养分总量的5%，生产上常采用该项技术作为地面施肥的一种补充。

（1）喷施时间　在葡萄生长期内均可喷施。遇气温高，浓度宜低，防止灼伤叶片。选择无风多云天气或阴天进行，晴天应在晨露干后至10时前或下午4时后进行。干燥大风时，蒸发快，会发生肥害，雨天、雾天肥液流失，均不宜进行。

图6-39　常用叶面肥及喷施方法（刘昆玉　供图）

（2）喷施部位　以喷叶片为主，尤其是叶背，幼果和绿蔓也能吸收肥料，须仔细喷到。叶幕上下、里外等部位，力求喷雾周到均匀。

（3）肥料的选择　叶面施用的肥料应是完全水溶性的，喷施浓度一般不得超过0.3%，但硝酸钾肥料的喷施浓度可以达到0.5%。叶面施用氮应以硝态氮为主，铵态氮和尿素态氮为辅，由于尿素内含有缩二脲，对叶片有毒害，应选择缩二脲含量＜2%的尿素；铁、锌、锰和铜等最好使用螯合态的，这样可以与磷一起施用，同时也避免相互之间发生拮抗作用；钙、镁不要和磷一起喷施，以避免出现不溶性沉淀。

（4）合理混合　可与一般的治虫药、防病药混合喷施，节省劳动力。配用石灰的硫酸锌、硫酸锰溶液不宜与防病、治虫药混用，以免降低药效。

三、水分管理

1. 灌溉

（1）灌溉的重要性　水是葡萄植株体内运转物质的介质，矿质营养通过土壤溶液进入根内，又通过水分运转到茎、叶及果实中。它可使细胞处于膨胀状态，是葡萄树幼嫩组织的主要支撑物质。水分还可以调节树体温度，使葡萄树免受高温之害。葡萄抗旱性虽强，但干旱季节及采用避雨设施栽培的葡萄园，必须进行灌溉才能促进新梢生长，提高产量和品质。

（2）灌水量　适宜的灌水量应在一次灌溉中使葡萄根群分布最多的土层达到田间持水量的60%以上。葡萄根群分布的深浅与土壤性质和栽培技术及树龄密切相关。通常挖深沟栽植的成龄葡萄根系集中分布在离地表的20～60cm处，因此灌水应浸湿60～80cm以上的土壤。

灌水量理论指标，有几种计算方法，最为简便的是根据土壤容水量来计算，公式如下：

$$灌水量＝灌溉面积×土壤浸湿深度×土壤容重×$$
$$（田间持水量－灌水前土壤湿度）$$

南方大部分葡萄园一般采用节水灌溉（图6-40），以节约用水。

图6-40　葡萄园节水灌溉（刘昆玉 供图）

（3）灌水方法

①沟灌或畦灌。这是葡萄园
传统的灌水方法，在葡萄园行间开
灌溉沟，沟深宽各25～30cm；或
利用葡萄栽植畦，进行沟灌或畦灌
（图6-41）。优点是省工，水直接渗
入根群土层。缺点是浪费水分，易
造成土壤板结，需加以改进。在南
方地区宜选择在晴天下午5时后与
上午9时前早、晚进行，或阴天全

图6-41 葡萄畦灌法（刘昆玉 供图）

天进行，高温时段应排干葡萄园田间的积水，避免高温高湿灼伤弱树。

②喷灌。喷灌是把灌溉水喷到空中，成为细小水滴再落到地面的灌水
方法（图6-42）。因受葡萄树冠高大和株行距的限制，应将喷灌细小水滴
低于葡萄植株叶片分布最低处以下，以早、晚喷灌为宜，高温中午严禁喷
灌，以免灼伤树体。

图6-42 葡萄喷灌法（刘昆玉 供图）

③滴灌。滴灌是利用灌溉系统设备，把灌溉水或溶于水中的化肥等
溶液加压（或地形自然落差）、过滤，通过各级管道输送到果园，再通过
滴头将水以水滴的形式湿润根系主要分布区的土壤，使其经常保持在适宜
果树生长的最佳含水状态。完整的果树滴灌系统由水源工程和滴灌系统组
成。水源工程包括小水库、池塘、抽水站、蓄水池等。滴灌系统是指把灌
溉水从水源输送到果树根部的全部设备，如抽水装置、化肥注入器、过滤
器、流量调节阀、调压阀、水表、滴头及管道系统等（图6-43）。

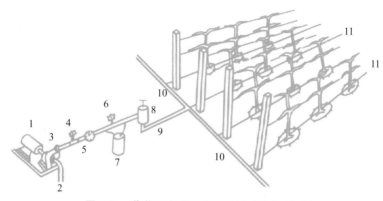

图6-43 葡萄园滴灌系统示意图（姚磊 供图）
1.电机 2.吸水管 3.水泵 4.流水调节阀 5.水表
6.调压阀 7.化肥罐 8.过滤器 9.干管 10.支管 11.毛管

管道系统由干管、支管和毛管组成。干管直径有65mm、80mm、100mm；支管有20mm、25mm、32mm、40mm、50mm；毛管有10mm、12mm、15mm等几种规格。干管和支管应根据葡萄园地形、地势和水源情况布置。丘陵地区，干管应在较高部位沿等高线铺设，支管则垂直于等高线向毛管配水；平地葡萄园，干管应铺在园地中部，干管和支管尽量双向连接下一级管道。毛管顺行沿树干铺设，长度控制在80～120m。

滴头是滴灌系统的关键，有几种类型，普遍应用的是微管滴头，内径有0.95mm、1.2mm和1.5mm 3种。微管接头的安装，需先按设计在毛管上打一孔，将微管一端插入孔内，然后环毛管绕结后引出埋入地下，埋深20cm。滴头应安装在葡萄主干周围，数量因株行距而定，如株行距2.0m×1.5m，每株可安装2个微管滴头（图6-44）。

滴灌的优点有：节约用水，如滴灌结合施肥，还可提高葡萄产量30%～50%；适应面广，平原、丘陵山

图6-44 葡萄双滴管灌溉法（刘昆玉 供图）

区、沙漠、盐碱地以及干旱的季节均可采用。缺点是：需要管材较多，投资较大；管道和滴头容易堵塞，对过滤设备要求严格；滴灌不能调节小气候，不适用于结冻期间应用。

（4）**渗灌**。渗灌工程主要有蓄水池、阀门和渗水管。根据灌溉面积的大小，管道可分设干管、支管、毛管三级。1/3 ~ 2/3hm^{2}的葡萄园，须修建一个半径1.5m、高2m、容水量14t左右的圆形蓄水池（图6-45）和一级渗水管。塑料渗水管长100m、直径2cm。每隔40cm在渗水管的左、右两侧及上方各打1个（共3个）针头大的渗水眼孔。

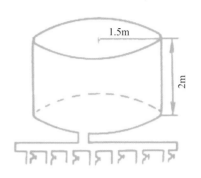

图6-45　渗灌池示意图（姚磊 供图）

每个渗水管上安装过滤网，以防堵塞管道。行距2 ~ 3m的葡萄园，每行中间铺设一条渗水管，深埋40cm。

渗灌的优点有：省水，全年5次，每次用水225m^3/hm^2，共计1 125m^3，全年节约水量近70%；提高果实产量和品质，增加经济收益。

（5）**灌溉时期**　正确的灌水时期不是葡萄在形态上显露出缺水状态（如叶卷曲），而是根据物候期、土壤含水量以及降水量的多少来确定。一般在生产前期，要求水分供应充足，以利于生长与结果；生长后期要控制水分，保证及时停止生长，使葡萄适时进入休眠期，作好越冬准备。

葡萄园的灌水主要根据葡萄的物候期而有所不同：

①萌芽前后。春季萌芽前后土壤中如有充分的水分，可使萌芽整齐一致，这个时期土壤湿度应保持在田间持水量的65% ~ 75%，若少于60%时就需要灌水，南方地区正值梅雨季节前期，春季一般不会出现土壤干旱，不需灌水，以免降低土温，重点是排水，以免影响根系生长。但在萌芽前施肥后需灌水（图6-46）。

②花期。从初花至谢花10 ~ 15d内应停止灌水。南方的梅雨期正值葡萄开花期，花期灌水会引起枝叶徒长，过多消耗树体营养，影响开花坐果，出现大小粒和严重减产。如土壤排水不良导致严重积水，不仅大大降低坐果率，还会引起叶片黄化，导致真菌性病害和缺素症（如缺硼）等发生。因此，在常年管理中，要加强排水系统的管理，经常清理泥沟，清除

图6-46 萌芽前施肥后灌水（刘昆玉 供图）

杂草，保持常年排水畅通。畦沟要逐年加深，特别是水田建园，要使地下水位保持较低的水平，在梅雨季节，雨停田干不积水。

③果实膨大期至着色前。此期植株的生理机能最旺盛，为葡萄需水的临界期，适宜的土壤湿度为田间持水量的 75%～85%。此期南方地区正值梅雨季节，一般年份不但水分能满足生长发育的需要，而且要注意排除园内多余水分，干旱时可以采取夜开昼关的滴管模式。

④果实着色期。此期间应严格控水，浆果着色期水分过多，将影响糖分积累，着色慢，降低品质和口味，耐贮性差，易发生白腐病、炭疽病、霜霉病等，某些品种还可能出现裂果。特别是此时南方梅雨结束即进入伏夏，

图6-47 秋施基肥后灌水保湿

高温干旱天气遇阵雨、大雨易造成裂果。但连续4天以上晴热天应灌水抗旱，晚上灌水，清晨排水，直到葡萄成熟采收前。

⑤果实采收后及秋冬季休眠期。果实在采收后应及时灌水，以恢复树势，促进根系在第二次生长高峰期大量发生。秋冬季应视土壤水分含量多少，适时灌水，特别是施基肥后应灌水一次，以促进肥料分解（图6-47）。

2.排水　葡萄园内的排水系统非常重要，南方地区梅雨季节正值开花坐果期和幼果膨大期，及时排水对提高坐果率与果实品质，减少病虫害尤为重要（图6-48）。若排水不良会严重影响开花授粉，加剧生理落果、裂果，降低产量和品质；排水不良土壤中好气性细菌活动受到限制，土壤有机物将不能分解，而使根部腐烂，吸水力差，地上部呈现缺水症状，叶片

变黄、脱落，严重时整株死亡。

南方葡萄园主要采用以下方法
排水：

（1）排除地表积水 地表积水
是由于暂时排不出水所引起，一般
多发生在雨季，可修明渠排水（图
6-49）。平地葡萄园多采用高垄栽
培，排水沟主要包括行间的小排
水沟、小区间的大排水沟和全园
的总排水沟。要检查这些排水沟

图6-48 2018年7月湖南澧县暴雨导致的
葡萄园积水

是否畅通无堵塞。一般小排水沟比垄面低20～40cm，大排水沟比垄面低
60～80cm，总排水沟深1.2～2.0m，总排水沟控制全园地下水位。丘陵
山地多采用梯田栽培，包括梯田内侧的小排水沟、梯田两端的大排水沟和
全园总排水沟。

图6-49 湖南农业大学干杉葡萄基地行间排水沟及主排水沟（刘昆玉 供图）

（2）排除深层积水 下层重力水的滞留所引起的水害问题，可修筑地
下排水管道进行排水。方法是用多孔的水泥管或陶管，外包一层树皮或纤
维布，管直径15～20cm，深埋在100cm以下。也可在行间挖沟（可几行
挖一条沟），深100cm，宽50cm，在沟底放一层20～30cm厚的砾石、炉
渣等滤水层，其上覆20cm厚的秸秆，再将原土回填。使园内沟沟连通，
并通向园外的总排水沟，使土壤重力水通过缝隙排出园外。

（编者：刘昆玉 张妮）

第7章
葡萄整形修剪

一、整形修剪的依据

1. 生态条件　根据不同生态条件，采取不同的栽培模式。如在多雨高温的南方地区，宜采用高干树形，以利于通风、排水，减轻病虫害。

2. 品种特性　根据不同品种的生长、结果习性来考虑架式、树形及相应的修剪方法。生长势强旺的品种，如刺葡萄等品种，以大架面、大树冠、短梢修剪为宜；而生长势弱的品种，以小架面、小树冠、中短梢修剪为宜。

3. 栽培条件　土壤肥沃、肥水条件好的地区，可采用大架面、大树冠整形；土壤瘠薄、肥水条件差的地区，要采用小架面、小树冠、短梢修剪的栽培模式。为便于机械作业，栽植和整形方式要便于机械进出与作业，南方地区应采用宽行距，高架面的栽培模式。

二、相关专业术语

1. 树形　树形指葡萄栽培中人工培养和自然生长的空间结构。根据不同品种和生长、栽培条件，创造出了不同的树形，南方葡萄种植主要树形有V形、T形、H形、X形等架形。

2. 整形　在人工栽培条件下，人为地将葡萄引向一定方向生长，使其分布合理，通风透光，使植株经多年培养成一定的形状，即整形。

3. 修剪　修剪是在整形的基础上调整枝、叶、果的合理分布和负载，保证单位面积产生最大的经济效益。

4. 架式　葡萄栽培的架式可分为篱架和棚架，以及许多中间类型和过渡类型架式。葡萄架式的选定要与所栽植品种的生物学特性、栽培条件和栽培技术相适应。

5. 叶幕　葡萄树冠内集中分布并形成一定形状和体积的叶片群体。叶幕是指叶片在树冠内集中分布的区域，是树冠叶片面积总量的反映。

三、整形修剪的特点

1. 葡萄整形修剪的重要性　葡萄的整形修剪是葡萄栽培中的一项重

要技术措施。葡萄是蔓生植物，通过整形修剪，能使其结构合理、骨架牢固、枝条分布均匀，便于栽培管理，有利于葡萄的优质、丰产、稳产。

2.整形修剪的相关因素

（1）支架　根据葡萄的生长特点，在生产中要用支架。因此，在整形修剪时，需将架式、树形、修剪三者综合考虑，有序进行。

（2）整形方式多样　葡萄树形可塑性强，可以适应多种整形方式。但不论采用何种方式，都要努力做到充分利用土地资源、太阳光能，便于管理和符合其品种的生物学特性。

（3）树体更新快　由于葡萄生长量大，结果部位外移迅速，因此为了保证架面的结果部位稳定，保证产量、质量的稳定，在植株进入结果期后，须经常注意枝蔓的更新。

四、整形

1.V形架整形（图7-1）

（1）特点　管理方便，通风透光良好，枝条分布均匀，互不重叠，容易成形，葡萄着色好，果实品质优，可减轻病虫害，提高商品率，经济效益明显提高。

（2）树体结构　葡萄V形架（图7-2）采用行距2.5～3.0m，株距1.5～2.0m，主干高度0.8～1.0m，臂长0.7～1.0m。

（3）整形技术　第一年栽苗首先培养主干。葡萄苗的新梢生长到20～30cm时，选留1个壮梢，当苗高超过0.8m时，对主梢进行摘心，摘

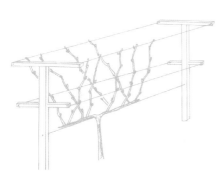

图7-1　V形架整形（晁无疾 供图）

图7-2　V形架整形（周俊 供图）

心后顶端第一和第二个芽继续生长，固定在第一道钢丝上，使其单向顺钢丝水平生长。当第一次副梢生长到1.0m左右时，再次进行摘心，与抽生出的第二次副梢成V形。

通过上述的管理，采用V形树形经过1～2年精细管理，可极早地达到早果、丰产、稳产、优质的目的。

2.T形架整形

（1）特点　在设施栽培条件下，可适度抬高叶幕，有利于小型农机具的通行；高干T形水平棚架，叶幕均匀分布，可减少叶幕中的弱光空间，叶片受光良好。

（2）树体结构　T形树形（图7-3），主干高度1.8～2.0m，顶部配置两个对生的、长度1～4m不等的侧蔓。侧蔓上直接配置结果母枝。

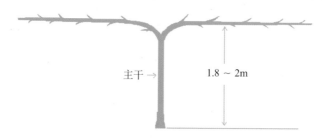

图7-3　T形架整形（周俊　供图）

（3）整形技术　每株苗发芽后留一根新梢，生长至1.8～2.0m时摘心，顶部两个副梢延长至80～90cm时摘心，培养成侧蔓。中、下部副梢留1～2叶绝后处理。当2个主蔓分别生长至1.0m时摘心，水平左右引缚。这种方法就是单干双臂水平T形整形（图7-4）。

图7-4　T形架整形（周俊　供图）

3.H形水平棚架整形

（1）特点　H形（图7-5、图7-6）整形具有通风透光、提高品质、方便修剪和计划定产等优点，采取H形整形修剪技术简单，便于种植者掌握和使用，为葡萄标准化生产提供了一项技术支撑，结合根域限制栽培效果更佳。其技术关键点主要有H形、短梢修剪、宽行稀植。

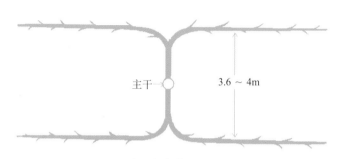

图7-5　H形水平棚架整形（晁无疾 供图）

（2）树体结构　根据大棚棚体和水平网架的结构，葡萄主干高度为1.8～2.0m，在水平网架上的2个一次夏芽副梢沿单棚宽度方向呈"一"字形绑缚，每个一次夏芽副梢长度为距离主干1.6m；4个二次夏芽副梢沿单棚长度方向呈"一"字形绑缚，每个二次夏芽副梢长度为距离主干1.8～2m。

图7-6　H形水平棚架（晁无疾 供图）

（3）整形技术　春季葡萄苗定植后，当苗木主干生长到达水平棚架架面时摘心，留靠近架面的2个一次夏芽副梢沿单棚宽度方向以"一"字形绑缚于架面上，当一次夏芽副梢分别生长达1.3～1.5m时（依品种长势而异）摘心，分别保留一次夏芽副梢上先端的2个二次夏芽副梢，当其生长至1.8～2.0m时摘心，分别沿单棚长度方向以"一"字形绑缚，及时对其他一次、二次夏芽副梢分别留一叶绝后，以增进留下枝蔓的生长。

通过上述步骤，H形树形已形成，冬季修剪时，根据品种的成花习性与枝蔓粗度修剪，二次夏芽副梢即为来年的结果母蔓，为丰产提供保障。

4. X形水平棚架整形

（1）**特点** X形（图7-7、图7-8）水平棚架整形在葡萄生长量大，降水量多（年降水量1 000mm以上）的暖湿地区应用效果好，适用于所有品种，根据树冠扩大的程度和结果母枝的多少灵活调整树势与修剪量。随着树龄的增大、树冠的扩张，需逐年间伐调整。

图7-7　X形水平棚架整形（晁无疾 供图）　　图7-8　刺葡萄X形水平棚架（周俊 供图）

（2）**树体结构** X形树形，主干高度1.8～2.0m，顶部配置4个对生的、长度1～4m不等的主蔓、呈X形。主蔓上直接配置结果母枝与结果母枝组。

（3）**整形技术** 当苗木发芽后选留一根新梢，生长至1.5～2.0m或上架后摘心，顶部先端选留4个一次副梢延长至80～90cm时摘心，呈X形分布，培养成主蔓。如树势较弱，顶部副梢不足4个，选择顶部先端最强副梢留2～3叶摘心，促使其发生副梢，满足培养4个主蔓的需要。

五、葡萄冬季修剪

1. 冬季修剪时期 葡萄冬季修剪一般在葡萄落叶后2周开始到伤流前3周，根据南方的气候特点，并结合栽培方式，一般冬季修剪从每年12月底至翌年1月下旬为宜，过早修剪因枝蔓中的养分尚未回流至根系，造成养分损失，过晚修剪树液开始流动，造成伤流，同样也损失了养分。

2.冬季修剪方法

(1) 确定翌年预期产量　根据品种、树龄、树势、最佳穗重、粒重等确定预期产量，一般成龄优质葡萄园确定每667m^{2}产1250～1750kg为宜；第一年结果的幼树确定每667m^{2}产750～1000kg为宜。

(2) 确定结果母枝及芽眼量　根据品种、架式、树龄、树势、芽眼饱满度、枝条、相邻树的生长状况、品种的花芽分化特点，确定结果母枝及芽眼量。维多利亚、红宝石无核、户太8号及第一年的幼树，水平棚架整形一般每667m^{2}留结果母枝1800个左右，每个结果母枝留3～4芽，即每667m^{2}留6000个左右有效芽。红地球、夏黑等品种，V形架，或结果两年以上的树，一般每667m^{2}留1200～1500个结果母枝，每个结果母枝留8～10个芽，每667m^{2}留10000～15000个有效芽。美人指、金手指等品种，T形架，V形架，或结果两年以上的树，一般每667m^{2}留1500～2000个结果母枝，每个结果母枝留10～12个芽，每667m^{2}留18000～24000个有效芽。

(3) 葡萄冬季修剪步骤　葡萄冬季修剪步骤，可用四个字概括：一"看"、二"疏"、三"截"、四"查"。

一看：即看品种、树龄、树势、树形、架式、芽眼、枝条成熟度、相邻树的生长状况，并根据每个品种确定的结果母枝及芽眼数量、预期产量，确定修剪量。

二疏：即根据各品种及架式等整形方式疏除病虫枝、细弱枝、过密枝，位置不当的枝及衰老枝。

三截：即根据各品种花芽分化的特点和确定的修剪量，剪去已保留的结果母枝或更新枝的一部分，确保单个结果母枝或更新枝的芽眼数。

四查：即检查已修剪的树是否有漏剪、错剪的情况，进行补剪。

3.主蔓、侧蔓、结果母枝的修剪　因多年生的老园葡萄植株的主蔓、侧蔓已培养完成，需更新修剪。主蔓、侧蔓的修剪以1～2年生葡萄植株为主。

(1) 新栽一年的葡萄园修剪（以V形架修剪为例）

①已经生长成形的树，即主干粗度1.5cm以上，两侧主蔓已经生长至80～90cm，其上均匀留的8根二次副梢，直径已达0.6cm以上的树。每株

图7-9　一年生夏黑无核冬季修剪（路瑶 供图）

树留6～8根结果母枝，根据冬芽饱满状况，留3～5芽修剪，并剪除其余副梢。

②两侧主蔓已生长至80～90cm，顶端直径0.6cm以上，其上8根二次副梢直径在0.6cm以下的树，修剪时剪除主蔓以外的所有二次副梢，留两侧主蔓即可（图7-9）。

③两侧主蔓生长未达80～90cm或达到80～90cm而顶端直径未达到0.6cm粗的树，修剪时从0.6cm处剪除，并剪除其余副梢。

（2）成龄葡萄园修剪

①红宝石无核、巨峰、维多利亚、刺葡萄（图7-10）等花芽分化好的品种从主干分叉处两侧，结果母枝按30cm左右间距，留2～3芽修剪，每树留10～12个结果母枝。

②红地球、夏黑无核（图7-11）、阳光玫瑰等花芽分化中等的品种，从主干分叉处两侧，每树留8～10根直径0.8cm以上成熟度好、芽眼饱满的枝条且留8～10芽修剪，并可在主干分叉处两侧分别留1～2根弱枝，留1～2芽修剪培养更新枝。

③美人指等花芽分化差的品种，从主干分叉处两侧，每树留12～16根直径0.8cm以上、成熟度好、芽眼饱满的枝条，留10～12芽修剪，并在主干分叉处两侧分别留1～2根弱枝，留1～2芽修剪，培养更新枝。

图7-10　刺葡萄短梢修剪（周俊 供图）

图7-11　夏黑无核的中、长梢修剪（路瑶 供图）

4.**枝蔓更新的方法**　为了防止结果部位外移和基部光秃,在修剪过程中还须不断进行枝蔓更新,以保持整个架面上各部位枝蔓的均衡生长。最常用的几种枝蔓更新方法:

(1) 结果母枝的更新

①双枝更新。冬剪时将结果母枝按所需要的长度剪截,将其下面相邻的成熟新梢留2芽短截,作为预备枝。预备枝抽发新梢后在翌年冬剪时,上一枝留作新的结果母枝,下一枝留2芽短截,使其抽生新的预备枝;原结果母枝于当年冬剪时剪除。这种年复一年的更新修剪方法(图7-12),以保持结果部位稳定。

②单枝更新。此法多用于极易形成花芽的品种,一般适用于立架

图7-12　葡萄双枝更新(周俊 供图)

水平形、棚架龙干形和高、宽、垂架双臂形等树形,无需留预备枝,连年采用留1～3个芽短剪(图7-13),仍可保持结果部位不外移。

(2) 骨干枝更新　不同品种、不同整形方式的植株生长到一定时期骨干枝易形成局部衰弱和光秃,须进行不同程度的更新,以充实光秃部位和复壮生长势。因更新部位和程度不同可分为:小更新、中更新和大更新三种。

①小更新。在主蔓和侧蔓先端更新的为小更新(图7-14)。这是在整形修剪中用得最多的一种更新方法,特别是对主、侧蔓都不固定的扇形整枝,经常要用缩前留后的修剪方法,以防结果部位快速外移。

②中更新。在主蔓的中段和大侧蔓近基部进行更新的为中更新(图7-15)。一般在下面两种情况下使用。一是主、侧蔓基部枝蔓生长衰弱,剪去先端部分以复壮中、下部枝蔓的生长势;二是防止基部光秃,缩剪中部以上枝蔓把顶端优势转移到基部以复壮基部枝蔓长势。

③大更新。剪去主蔓的大部分或全部的为大更新(图7-16)。一般是在主蔓基部以上枝蔓因受病、虫危害严重,或因枝蔓衰弱,而基部有新枝和萌蘖可替代的情况下,可剪去主蔓以新枝代替。这种更新法要慎重而行,可以先培养好新枝再把老蔓剪去,如果老蔓已枯死或无生产价值,则可挖除老株,重新建园。

图7-13　葡萄单枝更新（周俊 供图）

图7-14　小更新：防止结果部位外移（路瑶 供图）

图7-15　中更新：剪去主蔓先端部分，复壮中、下部枝蔓（周敏 供图）

图7-16　大更新：培养新枝后去除老蔓（陈文婷 供图）

5. 冬季修剪后的工作及注意事项

（1）3月上旬前做好棚架搭建和整修　新建园要按标准做好棚架的搭建，老园做好对已损坏的竹片、钢丝、立柱、横档钢管等棚架设施的更换与修复。

（2）对喷、滴灌设施进行一次全面的检修　如果因冰冻灾害损坏葡萄园的喷、滴灌设施，须认真全面检修，主要是整修配药池，更换破损管道、阀门等设备。

（3）**开沟沥水** 清理主排渠、支排渠、垄沟，保持雨停无渍水。

（4）**管理好新建园** 在2月底前完成开沟施基肥、整垄、建护栏等工作，并注意葡萄苗木的保养、保湿。

六、葡萄夏季修剪

1. **抹芽** 展叶3～4片可见花穗时（图7-17）及时抹除副芽、弱芽和位置不当的芽（图7-18）。一般一根结果母枝留1～2根带花穗的新梢，最多不能超过4根带花穗的新梢（图7-19）。特别是像红地球等大穗品种要严格控制结果母枝上的带花穗的新梢数量。带花穗的新梢应尽量留于母枝

图7-17 可见花穗时开始抹芽（周俊 供图）

图7-18 抹去背下芽

图7-19 夏黑无核抹芽后效果图（周俊 供图）

顶部，以便充分利用顶端优势。根据结果母枝的粗度，粗枝多留，细枝少留。每根结果母枝的基部留一根以上的营养枝、每株树留7～8根，以便今后更新及保持叶果比的平衡。

2.**抹梢与定枝** 新梢10～15cm时定枝，剪除多余的枝蔓（图7-20）。

图7-20 夏黑无核抹梢后效果图
（晁无疾 供图）

坐果率较高的红地球、红宝石无核、阳光玫瑰、夏黑无核等可一次性定枝；坐果率较低的巨峰等品种应分批定枝，一般去强去弱，留中庸枝，能保持架面通风透光即可，开花前2～3d，按要求确定留枝量。抹芽定枝最好在喷药前进行，选择阴天或晴天，雨天不宜抹梢。

（1）**第一年结果的新园** 一是已成形的树（即8根结果母枝粗度在0.6cm以上的标准树形），每株树一般留20～24根新梢，如红地球、红宝石无核、美人指等品种。二是未成形的树，应根据主、侧蔓的粗度确定保留的枝量，主要有三种类型：①主蔓粗度1.5cm以上，侧蔓长80cm，粗度1cm以上，每株树留16～18根新梢。②主蔓粗度1～1.5cm，侧蔓0.6～1.0cm，每株树留11～13根新梢。③主蔓粗度0.8～1.0cm，侧蔓粗度0.6cm以下，每株树留6～8根新梢。

（2）**结果两年以上的成龄树** 分品种确定每株树的留枝量和每667m²留枝量。红地球、红宝石无核等每株树留24～26根新梢，每667m²留3 600～3 900根新梢；比昂扣、美人指等每株树留26～28根新梢，每667m²留3 800～4 200根新梢；巨峰、夕阳红每667m²留5 000～5 500根新梢。成龄树抹芽定枝时，尽量留近侧蔓基部的新梢，保持结果部位不外移。

3.**去除卷须、绑蔓** 卷须不仅浪费营养和水分，而且还给以后各项管理工作带来不便，因此，当新梢30～50cm时，摘除新梢上的所有卷须。当新梢生长至50～60cm时，及时引绑枝蔓，尽量将其分布均匀，保持架面通风透光（图7-21）。一般维多利亚、美人指等中、小叶品种，枝蔓间距15cm以上；红宝石无核、夏黑、阳光玫瑰等大叶品种，枝蔓间距18cm以上；红地球等喜光忌阴蔽品种，枝蔓间距20cm以上。开花前务必完成引绑，以免影响开花坐果。

4. 主梢摘心、副梢处理 开花前后需要对主梢与副梢摘心，以促进坐果（图7-22）。摘心时间和程度视品种、树龄、树势及花穗的染病程度而定，一般新园和树势较弱的园可适当稍迟。

图7-21 阳光玫瑰定枝后绑缚（王先荣 供图）

结果枝除卷须摘心前　　　　　　　　　结果枝除卷须摘心后

图7-22 结果枝去卷须与摘心（徐丰 供图）

红地球：新建园当发现园内开花5～7d后，于花穗以上留5～6叶摘心；视落果情况决定副梢的摘心时间，落果较重时宜适当提早，当落果较轻时宜适当推迟，一般留2叶绝后。老园在开花后2～3d，于花穗以上留5～6叶摘心，副梢一般留2叶绝后（图7-23）。

红地球副梢处理前　　　　　　　　　　红地球副梢处理后

图7-23 红地球副梢处理（徐丰 供图）

红宝石无核：新建园在生理落果后，于花穗以上留6～8叶摘心；副梢留1叶绝后。老园在开花末期于花穗以上留6～8叶摘心；从开花初期开始副梢留1叶绝后。

夏黑无核：在园内发现开花后，对主梢于花穗以上留5～6叶摘心；副梢留1叶绝后。在开花坐果期间，每2～3d清理一次副梢，以确保坐果。

阳光玫瑰：在初花期于花穗以上留5～6叶摘心；在盛花期、生理落果期副梢留2叶绝后。

巨峰：在初花期于花穗以上留5～6叶摘心；在生理落果期副梢留1叶绝后。

所有品种坐果后，顶部留一个副梢延长至5～7叶时进行摘心处理。其上副梢仍然按各品种主梢上的副梢处理方法处理。各品种开花期间必须保持花穗通风透光，主梢引绑间距和留枝量一定要按要求执行，以免造成枝条拥挤、阴蔽而大量落果，减少产量。在开花坐果期须严防灰霉病、穗轴褐枯病、霜霉病感染花穗，如已发生，应根据感染程度调整主梢和副梢摘心的时间和程度，促进坐果，并在谢花前后及时喷施药剂。

5. 采果后的修剪　果实采收后，葡萄枝蔓持续生长。枝蔓的徒长，将消耗树体大量的养分，应采取摘心、抹除副梢等措施控制其生长，以减少养分的无效消耗，促使主蔓及被保留的副梢粗壮，芽体饱满充实。也可用喷施生长抑制剂抑制旺长。同时，还应对枝蔓进行合理的修剪，多留粗壮枝，少留瘦弱枝。及早疏除过密枝、细弱枝、病虫枝、未成熟枝。修剪后用硫酸铜：石灰：水＝1：2：180倍的波尔多液喷施叶片的正、背两面，以防病、补钙。

（编者：周　俊）

第8章
葡萄花果管理

一、花果管理的主要作用

为便于花、果的管理，通常根据花序、果实生长情况，可分为花序分裂前期、花序分裂期、始花期、盛花期、落花期、幼果期、果实膨大期、转色期和成熟期。

始花期是指有5%的小花开放；盛花期是指有50%的小花开放；落花终期即为浆果开始生长期，约有95%的花朵开过即标志着浆果生长期的开始。多数品种每一花序由始花期到落花期需要7～10d，其中始花期到盛花期通常需要3～5d。由于葡萄从花序分离期到幼果期时间较短，要完成花果管理、枝梢管理及其他各项工作，工作量特别大。这一时期的管理关系到当年葡萄种植的成败，必须合理安排各项工作和保证足够的用工。

葡萄要达到优质高效，果穗美观，果粒大小均匀一致，色泽鲜艳，除加强栽培管理以外，花序和果穗的管理是决定葡萄质量和效益的最基本的关键和基础。

1.**调节产量** 在修剪的基础上，通过花序整形、疏花序、疏果粒等办法调节产量。产量过高不但影响果实的品质，而且易造成树势衰弱，病虫害滋生。优质高效葡萄栽培必须实行合理负载。

2.**控制果穗的大小和形状** 一般葡萄花穗有300～1 500个小花，正常生产需要30～100个小花结果，品种不同果穗大小也不同，通过花穗整形，控制的穗形大小，符合标准化栽培要求。通过整穗，可以按人为要求形成一定的果穗形状。有利于果穗的标准化管理和采收、包装、运输和销售。

3.**调节花期的一致性** 葡萄花序中部先开花，然后是上部，穗尖开花最迟。通过花序整形、疏花序等管理措施，调节开花期相对一致，有利于掌握处理时间和后期的其他管理。

4.**提高保留花朵的坐果率** 通过整穗达到疏花的目的，有利于花期的养分集中，提高保留花朵的坐果率，提高果实外观和内在品质。

5.**减少后期工作量** 疏花可以减少疏果的工作量，葡萄花期疏花，只疏小穗，操作容易，而且疏花穗后疏果量较少或不需要疏果，能有效减少后期管理工作量。

二、花序管理

1. **疏花序**　疏花序是指按照控产的要求，在植株负载量较大、花序过多时，需要疏去过多花序，留优去劣，除去多余的、发育不良、有病虫害的花序，使养分集中供应留下的优良花序（图8-1）。因南方多阴雨，日照条件不如北方干旱地区，一般一个结果枝留一个花序，才能保证果穗的正常发育与果实品质。部分品种可根据实际情况多留花序，如刺葡萄等品种。

图8-1　阳光玫瑰疏花序前后（陶建敏 供图）

疏花序应尽早进行，从能清晰辨别新梢上的花序多少、大小时开始，在花序展开前结束，可结合去卷须、摘心等工作同时进行。疏花序时尽量保留花穗向外且坐果后能自然下垂的花穗。

2. **花序整形**　花序整形是葡萄开花前按生产要求进行花序修整，从而使果穗长成市场需求的一定形状。花序整形是葡萄生产中的一项关键技术，是决定葡萄质量和效益的关键和基础。

花序整形最佳时间是在花序开始分离到花序进入初花期。整形过早，在开花后穗形容易紊乱；整形过晚，浪费养分，降低坐果率。

（1）**圆锥形**　去除花序上部分枝和小穗，并剪去过长的穗尖，一般只保留花序下端4～8cm部分，对过长的花序分枝适当短剪，使保留的花序呈圆锥形（图8-2、图8-3）。

图8-2 藤稔圆锥形花穗（路遥 供图）

图8-3 藤稔圆锥形果穗（周俊 供图）

（2）圆柱形 去除花序上部分枝，并剪去花蕾过少的穗尖，保留花序下部的4～8cm，使整个花序保留12～14个小花穗，对过长的花序适当短剪，并呈圆柱形（图8-4至图8-7）。

图8-4 花序圆柱形整形（周敏 供图）

图8-5 巨峰圆柱形果穗（周俊 供图）

图8-6 阳光玫瑰花序圆柱形整形
（王先荣 供图）

图8-7 阳光玫瑰圆柱形果穗（周俊 供图）

（3）**疏散形** 主要用于欧亚种大粒品种和紧穗性品种，如红地球、红宝石无核等。用留二去一的花序（或幼穗）分枝修理法来形成疏散的果穗。用剪去花序（或幼穗）中、下部，只保留上部几个大分枝，形成疏散果穗（图8-8、图8-9）。

图8-8 里扎马特疏散形果穗（周俊 供图）

图8-9 红地球疏散形果穗（周俊 供图）

无核化处理是指将有核品种经过去胚除核，达到果实无核的目的。无核化处理是一项严格的生物学技术，要获得无核化处理的成功，除了合理选择处理品种外，还必须具有健壮的植株、整齐一致的开花时期，高质量的调节剂和正确的浓度、配比，正确的处理时间和处理方法，与调节剂处理相配套的树体管理技术。

3. **花期喷硼** 花期喷施硼主要作用是促进生殖生长，硼促进花粉管的萌发和伸长，有利于糖类的运输、转化以及合成，增强作物的抗逆性。作物缺硼时，不能形成或形成畸形的花器官，出现花而不实、大小粒等现象，严重影响葡萄的产量和品质。

叶面喷施0.1% ~ 0.2%的硼砂或硼酸溶液，第1次在花序刚开始分离时进行；第2次在第1次喷施后的7 ~ 10d，可以提高坐果率，减少果实大小粒。

4. **花期控肥控水** 南方地区由于花期气温较高，葡萄植株生长旺盛，花期施肥、灌水会引起枝叶徒长，树体营养大部分供给新梢生长，而影响开花坐果，易出现大小粒或严重减产。但在干旱地区，要在开花前15d左右浇水，这样做有利于开花和坐果。一般从初花期至谢花期10 ~ 15d内，应停止施肥（尤其是氮肥）、供水、打药。但是当特别干旱、缺乏水分时，适当补充少量的水分。

另外由于我国南方地区葡萄开花期正值雨水较多的时期，因此要加强排水，经常清理排水沟，清除杂草，使地下水位保持较低水平，在此期间保证雨停田间不积水。

三、果穗管理

1. **疏果穗和果粒** 通常葡萄产量与果实品质是呈负相关的，超过一定产量后，结果越多、品质越差。疏穗与疏果是调整葡萄产量的最后一道工序。疏果时期以尽可能早为好，红地球、美人指在坐果后期果粒黄豆大小前疏完，可预防日烧和气灼病的发生，同时增大果粒明显。欧美杂交种应在果粒黄豆粒大小时开始疏果，花生米大小时疏完。疏果主要是在保证标准产量（表8-1、表8-2）的前提下，剪去果穗基部和穗尖，保持一致的穗形（图8-10）。

表8-1　第一年结果园葡萄标准产量

品　种	最佳单穗（g）	单穗留果粒数（粒）	单株留果（穗）	每667m²产量（kg）
夏黑无核	400～500	60～80	13～16	1 000
红地球	800～1 000	70～80	8～10	1 250
红宝石无核	800～1 000	120～150	8～10	1 250
阳光玫瑰	500～600	50～60	10～12	800
美人指	500～600	50～60	12～14	1 000
高妻	400～500	35～40	13～16	1 000

表8-2　成龄结果园葡萄标准产量

品　种	最佳单穗（g）	单穗留果粒数（粒）	单株留果（穗）	每667m²产量（kg）
夏黑无核	400～500	60～80	20～24	1 500
红地球	800～1 000	70～80	13～16	1 750
红宝石无核	800～1 000	120～150	12～14	1 750
阳光玫瑰	750～900	60～75	10～12	1 500
美人指	500～600	50～60	18～20	1 500
高妻	400～500	35～40	20～24	1 500

2.去老叶、转果穗　在果实将要着色前，将结果枝基部2～4片老叶剪除（图8-11），增加果穗部位通风透光，对减轻果实病害和加速着色有显著作用，同时还对结果枝基部冬芽分化和充实有良好作用。要尽量摘除枝条下部的病残叶、老叶和过密叶。摘除老、病叶的时间忌在阳光暴晒的中午进行，以避免果实发生日灼，时间应选择在阴天，或晴天下午3时以后。

采用篱架栽培的葡萄园容易出现果穗着色不均匀的现象，一般在去老叶后7d左右检查果穗着色情况，将着色不均

图8-10　阳光玫瑰疏果后的果穗
（周俊 供图）

匀的果穗用手轻托轻转果穗，将其从阴面转至阳面。约经7d后如果还有少部分未着色，再改变其着色方向，使其全面、均匀着色。转果穗的具体时间，应以果面温度开始下降时为宜，在晴天下午4时后进行，阴天可全天进行。

图8-11　巨玫瑰着色期剪除结果蔓基部的老叶（周俊　供图）

3. **果穗上方留副梢防日灼**　防止日灼病主要避免果实暴晒，在南方地区夏季高温要注意架面的管理，修剪时保留果穗前后节和背上节共3个副梢（图8-12），用来增加叶幕的厚度遮阳防日灼，以免果穗直接暴晒于烈日强光下，其他部位可适当除去过多的叶片，以免向果实争夺水分、养分。同时在高温期间可以配合灌水保持土壤湿润、降低棚温。

图8-12　金手指果穗上方留副梢防日灼（周俊　供图）

4.**果穗套袋与摘袋** 套袋（图8-13）可减少或避免病虫及鸟害，尤其对预防果穗日灼病、黑痘病、白腐病、酸腐病、炭疽病等有显著效果，同时可避免食果害虫危害。套袋后使葡萄不直接接触农药，从而降低农药残留；果穗所处的外界环境稳定，减少裂果；防止灰尘污染，果面清洁，果粉完整；摘袋后（图8-14），果实表面因突然受光刺激，花青苷迅速增加，而使果实着色均匀，色泽浓艳，果实蜡质感增强。

夏黑无核等早熟品种在果粒花生米大小时套袋，套袋时间约在6月上旬。红地球、美人指等晚熟品种，在果实二次膨果前套袋，套袋时间约在6月下旬。套袋前应彻底疏除病果、烂果，再用保护剂或杀菌剂喷果穗，待药液干后于当天完成套袋。

夏黑无核等中、小穗品种用30cm×25cm规格的果袋，红地球、红宝石无核等大果穗品种用37cm×39cm规格的果袋。套袋一般选择阴天或晴天下午进行，中午高温及雨后第1～2个晴天严禁套袋。果实套袋后，由于受天气、肥水、病虫害的影响，每2～3d，需要对套袋果实抽样检查。特别是当发现有酸腐病前兆的果袋，一定要剪除并带出园区销毁。

有色品种根据上色的程度和成熟度决定，一般在采摘前一周除袋。绿色或黄色品种可带袋采收。

图8-13 葡萄果实套袋（周俊 供图）

图8-14 采摘前一周除袋（周俊 供图）

5. 地面铺反光膜　有条件的葡农可在二次膨果前在葡萄架下覆盖反光膜（图8-15），把架边的侧光和透射到地面的散射光，通过反光膜反射到架面果穗上，能提高架下温度1～2℃，增加昼夜温差，利于浆果糖度积累，又能促进浆果着色，改善浆果的色、香、味。

图8-15　葡萄园内铺上反光地膜（周俊 供图）

（编者：廖晓珊　倪建军）

第9章
植物生长调节剂的应用

一、葡萄常用的植物生长调节剂

植物生长调节剂在葡萄上的应用也已比较普遍，在葡萄生产中，主要是运用于促进生根、果实无核化、控制新梢生长、促进花芽形成、保花保果、增加产量、提高果实品质、延长或打破休眠、提高抗性、提高耐贮运力等方面。根据植物生长调节剂的特性和作用机制，可以分为生长素类、细胞分裂素类、赤霉素类、乙烯类以及生长延缓剂和生长抑制剂等六大类别。

1.**生长素类** 生长素类的作用具有双重性，较低浓度的生长素促进生长，而较高浓度的生长素抑制生长。生长素类在生产上应用主要是促进果实的发育、扦插枝条生根、防止落花落果、提高耐贮性等。常见的生长素类调节剂主要有吲哚乙酸（IAA）、吲哚丁酸（IBA）和萘乙酸（NAA）、2,4-D等。

（1）**吲哚乙酸（IAA）** 吲哚乙酸有维持植物顶端优势、诱导同化物质在植物体内运输，具有促进坐果、插条生根、种子萌发、果实成熟及形成无籽果实等作用，还能促进嫁接伤口愈合。低浓度吲哚乙酸与赤霉素、激动素协同促进植物的生长发育，高浓度则可诱导内源乙烯的生成，促进其成熟和衰老。

（2）**吲哚丁酸（IBA）** 吲哚丁酸可经植株的根、茎、叶、果吸收，但移动性很小，不易被吲哚乙酸酶分解，生物活性持续时间较长。其生理作用类似内源生长素，可刺激细胞分裂和组织分化，诱导单性结实，形成无籽果实；诱发形成不定根，促进扦插生根；防止落果，改变雌、雄花比例等。

（3）**萘乙酸（NAA）** 萘乙酸可经植物的根、茎、叶吸收，之后传导到作用部位。其生理作用和作用机制类似于内源吲哚乙酸，能刺激细胞分裂和组织分化，促进子房膨大，诱导单性结实，形成无籽果实，促进开花。低浓度抑制纤维素酶的合成，促进植物生长发育，防止落花落果落叶，高浓度会引起内源乙烯的大量生成，促进离层形成，可用于疏花疏果和果实催熟。萘乙酸可诱发枝条不定根的形成，促进扦插生根，还可提高某些作物的抗旱、抗寒、抗涝及抗盐碱的能力。

2.细胞分裂素类　细胞分裂素类是调节植物细胞生长和发育的植物激素，与植物生长素有协同作用，主要有促进细胞分裂和组织分化、提高坐果率、诱导芽的形成和生长、延缓衰老、打破种子休眠等作用。在葡萄上应用较多的细胞分裂素类主要有6-苄基腺嘌呤（6-BA）、玉米素（ZT）、激动素（KT）、氯吡脲（CPPU）、噻苯隆（TDC）等（图9-1）。

图9-1　噻苯隆（TDC）处理户太8号（左为对照）

（1）6-苄基腺嘌呤（6-BA）　6-BA主要用于促进植物细胞分裂，在组织培养中应用较多。在葡萄生产实践中可以延缓果实衰老，防止离层形成，提高坐果率；还可调节叶片气孔开放与光合作用，有助于延长叶片的同化能力与寿命，有利于产品保鲜；还可以诱导块茎形成，抑制顶端优势，促进侧芽萌发和生长。

（2）玉米素（ZT）　ZT是一种植物体内天然存在的细胞分裂素，生产中使用的是外源玉米素，能促进植物细胞分裂，阻止叶绿素和蛋白质降解，减慢呼吸作用，保持细胞活力，延缓植株衰老。

（3）激动素（KT）　KT可以被作物的茎、叶和发芽的种子吸收，在植物体内移动缓慢。激动素主要促进细胞分裂和组织分化，延缓蛋白质和叶绿素降解及离层形成，具有保鲜和防衰、抑制顶端优势、促进种子发芽、打破侧芽休眠、调节营养物质的运输、促进结实、诱导花芽分化、调节叶片气孔开张等作用。

（4）KT-30　又名CPPU。白色晶体粉末，难溶于水，溶于甲醇、乙醇、丙酮等有机溶液，常规条件下稳定。它是目前人工合成的活性最高的细胞分裂素，其活性是6-BA的几十倍，具有加速细胞有丝分裂，促进细胞增大和分化，诱导芽的发育，防止落花落果等作用。

3.赤霉素类　赤霉素（GA$_3$）是促进植物生长发育的重要内源激素之一，又称GA、920、赤霉酸，在高等植物中普遍存在，目前已知的赤霉素种类至少有100多种。在葡萄生产上应用最多的是GA$_3$，能代替种子萌发所需的光照和低温条件，从而打破种子休眠，促进发芽，加速植物生长发育；可诱导葡萄单性结实，促进葡萄无籽果实的发育；可拉长花序，提高坐果率，增大果粒，改善果实品质；影响开花时间，改变雌、雄花比例等。

在葡萄生产中，如花前用80mg/L GA$_3$以及在花期（在花穗满开前后2天内，图9-2）使用40mg/L GA$_3$处理发现巨峰葡萄的无籽果率达100%。利用GA$_3$进行葡萄的无核化处理时，不同品种处理时间与浓度各异，如果使用不当则会出现花序卷曲，果梗粗大、粗糙，果穗畸形等（图9-3）。

图9-2　葡萄的花穗满开状态

图9-3　GA$_3$处理不当导致果穗畸形等

4. 乙烯类　乙烯类植物生长调节剂主要包括乙烯利、乙烯硅、吲熟酯和脱果硅等，生产中常用乙烯利。乙烯利又称ACP、催熟剂等，它被植物吸收后，在植株的各器官中释放，具有促进果实成熟、雌花分化，打破种子休眠，抑制茎和根的增粗生长、幼叶的伸展，诱导花芽形成和开花、器官脱落、植株矮化等生理功能。

用乙烯利浓度超过250mg/L时可促进巨峰葡萄物候期提前，提高果实内在品质；用乙烯利400倍液处理可提高巨峰的落叶率。

5. 生长延缓剂和生长抑制剂　主要通过阻碍植物体内源赤霉素的合成，具有抑制植株伸长、缩短节间、矮化植株等作用。常用的生长延缓剂和生长抑制剂有脱落酸（ABA）、矮壮素（CCC）、多效唑（PP333）、缩节胺（DPC）等。

（1）脱落酸（ABA）　脱落酸的主要作用是抑制与促进生长，促进叶的脱落、气孔关闭，影响花芽分化与开花，促进果实上色成熟等，可维持芽与种子休眠，是一种抑制种子萌发的有效调节剂，可以用于种子贮藏，保证种子、果实的贮藏质量。

（2）矮壮素（CCC）　抑制内源赤霉素的生物合成，进而在植株节间缩短、枝条增粗、株型变矮等方面起作用。使用一定浓度的CCC可明显降低夏黑无核葡萄果实的穗重、粒重、皮重、纵径、横径以及总黄酮和单宁含量，提高固酸比、果胶和氨基酸含量，从而影响夏黑无核葡萄的果实品质。

（3）多效唑（PP333）　多效唑可经由植物的根、茎、叶吸收之后经木质部传导到幼嫩的分生组织部位，阻碍赤霉素合成，抑制植物细胞的分裂和伸长，使植株节间缩短，茎秆粗壮，叶片增厚，叶色浓绿，侧枝增多，根系发达，促进花芽形成。巨峰葡萄在开花后用300～600mg/kg PP333喷施可抑制新梢生长，提高坐果率。

（4）缩节胺　也称甲哌鎓、调节啶等。是赤霉素的拮抗剂，其生理功能主要是能够抑制细胞和节间的伸长，可控制新梢徒长，使植株矮壮；可增强叶绿素的合成作用，使叶色变深，并能增强光合作用，利于有机物的合成与积累；促进根系生长，增强根系对土壤养分的吸收能力；提高植株抗旱、抗逆能力，减少花、果实脱落，提早成熟。

二、植物生长调节剂在葡萄上的应用

1. 促进生根与繁殖　目前，生产中葡萄的繁殖大多采用硬枝扦插、压条、嫁接等方法，大都应用植物生长调节剂处理，以提高成活率。

葡萄扦插主要应用吲哚丁酸（IBA）、吲哚乙酸（IAA）、萘乙酸（NAA）等促进生根。IBA在葡萄枝内运转性较差，且其活性不易被破坏，在处理部位附近可以长时间保持活性，产生的根也比较强壮。IBA和NAA等量混用或依一定比例混用，生根效果比单用的好。植物生长调节剂处理插条的方法：

（1）速蘸法　把插条茎部末端在500～1 000mg/L的高浓度IBA、IAA或NAA等溶液中浸3～5s，或将茎部末端蘸湿后插入植物生长调节剂的粉末中，使切口蘸匀粉末即可直接扦插，促进发根。

（2）慢浸法　将插条基部的2～4cm处在较低浓度（50～150mg/L）的IBA、IAA或NAA溶液中浸泡12～24h后扦插，促进发根。

葡萄地面压条时，当嫩梢长到一定高度进行压土前，可在其基部涂上较高浓度的IBA、IAA或NAA等植物生长调节剂；也可同时在压条母枝上环割，将调节剂涂于环割口；也有经茎叶吸收，通过韧皮部向下运输至嫩梢的基部，促其发根。在葡萄嫁接时可将砧木的基部放在适当的NAA溶液中浸泡，成活率可提高10%～20%。此外，在葡萄苗定植前将根系用500mg/L NAA或IBA浸3～5s，或者将小苗根系用20～100mg/L NAA或IBA泥浆浸蘸，有利于促发新根，提高成活率。

2. **拉长花序**　生产上应根据品种、栽培技术和处理时期的不同相应地调整赤霉素的使用浓度，使用时期一般在开花前15～20d，用1～5mg/L赤霉素溶液浸蘸花序，拉花效果较好（图9-4）。浓度越高抽生的花序越长；处理时期过早，花序往往过长；处理时间过晚，花序拉长效果不明显。因此早处理浓度应较低，推迟处理时间可适当提高处理浓度。坐果较差的品种，或者坐果较好，但新梢生长较旺盛的品种也不宜拉长花序，否则易导致坐果不理想，造成果穗松散，影响商品性。

图9-4　赤霉素浸渍花序两天后明显拉长

3. **保花保果**　为提高坐果率，首先须加强葡萄园的科学管理技术，采取营养调节措施，对园地进行土壤改良，增施有机肥，为葡萄根系生长发育创造良好条件；合理密植；控制留果量；花前摘心控制副梢生长等栽培措施。此外还可以适当利用植物生长调节剂来保花保果。

一般无核品种和自然坐果率低的巨峰等大粒有核品种与花前长势太旺盛的欧美杂种，通常在葡萄坐果期采用赤霉素处理来提高幼果的赤霉素和生长素水平，阻止离层的形成，促进营养物质输送到幼果，从而提高坐果率。赤霉素的使用浓度为25～100mg/L，一般在盛花期至落花后5d内蘸果穗保果，但具体使用时因品种、天气、果园不同各异，若使用偏早，坐果太好，增加疏果难度；若使用偏晚，保果效果差。

4. **果实膨大** 在葡萄生产上，适宜采用植物生长调节剂使果实膨大的品种主要为自然无核品种、三倍体品种、有核品种无核化栽培，或对激素敏感、增大效果明显的品种，如藤稔、高妻、甬优1号、金峰、先锋1号（早甜）等。实际上是通过提高果实中细胞分裂素的含量，增加单位体积的细胞数目，加快细胞横向增生能力，加速果实的前期生长发育，如夏黑无核葡萄，若不用赤霉素处理，其果粒仅1.5～2.0g，商品性较差。无核白等品种在盛花期用10～30mg/kg赤霉素浸蘸花穗，于花后15～20d用30～50mg/kg赤霉素浸蘸果穗，果实膨大效果明显。然而，必须注意的是，并不是所有的葡萄品种都适宜使用植物生长调节剂进行膨大处理，如巨玫瑰等巨峰系的大多数品种用赤霉素处理后果粒增大效果不明显。

5. **无核化处理** 葡萄无核化处理就是通过良好的栽培技术和无核剂处理相结合，使葡萄果实内原来有的种子软化或败育，使之大粒、早熟、无核、丰产、优质、高效。四倍体葡萄先锋品种，第一次处理在盛花末期，用12.5～25.0mg/L GA$_3$蘸花穗；第二次处理是在第一次处理后的10～15d再重复处理1次。

一般而言，进行优质的葡萄生产（图9-5）基本上需要经过1次拉花、1次无核化、1次保果、1次膨大，为了更好的纪录每个花序是否处理到位，在花序整形时利用顶部的花序小穗作为标记穗（图9-6），每做一次处理，进行一次标记清除。

需要特别强调的是，使用赤霉素或无核剂进行无核化处理的效果与树势、栽培管理、药剂浓度及使用时期等都有密切关系，稍有不慎就会使穗轴拉长，穗梗硬化，容易产生脱粒、裂果等副作用，造成不应有的损失。

图9-5 按程序处理完成的户太8号（左）和甬优1号（右）

图9-6　带标记的花序整形

因此，无核剂应提倡在壮树、壮枝上使用，并以良好的地下管理和树体管理为基础，尽量减少或消除不良副作用。应选在晴朗无风天气用药，为了便于吸收和使浓度稳定，最好在上午8～10时或下午3～4时处理。若是露地栽培在处理后4h内下雨应补施一次。

6. 延长或打破休眠　葡萄芽休眠的开始和终止，除环境因素外，主要是内部促进物质（生长素、赤霉素、细胞分裂素）和抑制物质（主要是脱落酸）相互作用的结果。利用植物生长调节剂打破葡萄芽的休眠，较有效的主要有赤霉素类（GA_3）和细胞分裂素类。

南方地区春天常有倒春寒或晚霜致使嫩梢受冻，或者需采取延迟栽培使葡萄果品晚上市的果园，可以在春季2～3月给葡萄树喷750～1 000mg/kg NAA，以延迟发芽，上一年的生长期喷过GA_3的，春天发芽也会延迟。

南方地区常因冬季气温较高，或是气温低的持续时间比较短，或是采用大棚覆膜栽培，导致葡萄会出现低温不足的现象等，葡萄不能顺利通过正常休眠，则会出现葡萄发芽不整齐、发芽率低、枝梢生长不良、花器发育不完全、开花结果不正常而失去生产价值，进而直接影响产量和质量，因此常常需要借助破眠剂来打破芽的休眠。

生产上常用20%的石灰氮（主要成分就是单氰胺），在11月下旬至12月中旬涂顶端第2个以下的芽（以预防顶端优势的影响），可以提早2～3周发芽，提早4～10d开花，提前1周左右成熟。

单氰胺，商品名称哚美滋、荣芽等，它是一种液体破眠剂。使用方法比石灰氮更方便，只要按照浓度稀释后就可以直接应用。一般单氰胺商品溶液的有效含量是50%，在应用时可以稀释为2%～5%(即兑水10～15倍)涂芽，加入0.1%的吐温80等表面活性剂效果更为理想。使用时期与石灰氮类似。

7. 植物生长调节剂的其他作用

（1）增强树体抗性　在葡萄生产中，如早春晚霜、气温突降、霜霉病等病害为害，对葡萄的正常生长和产量有很大的影响，在葡萄萌芽期、开花前、幼果期和果实膨大期各喷施1次0.1%三十烷醇1 500～2 000倍液，可促进芽萌发，有效增强根系对氮、磷、钾等矿质元素的吸收能力，提高叶绿素含量，增强光合作用；提高葡萄植株抗寒、抗旱、抗病等抗逆性。

（2）提高果实耐贮性　使用NAA+6-BA各15～25mg/kg浸蘸葡萄果穗能减轻果实产生ABA，抑制离层形成，延缓果粒脱落，保持果蒂周围组织完好，提高鲜梗率、好果率，阻止病菌从蒂部侵入，提高果实贮藏性。

（3）增进果实品质　在果实已开始着色时用200mL/L的乙烯利溶液浸蘸果穗，可促进葡萄降酸，增加花色素、调控果实色泽、提早成熟（图9-7）。但常伴随落果、果实软化等副作用，因此，浓度不能偏高，以防落果；不能将乙烯利喷到叶片，否则会引起落叶。

（4）抑制新梢的旺长　在葡萄新梢旺盛生长初期、开花之前，用多效唑浓度为500～1 500mg/kg全株喷施后新梢生长量明显减少，副梢的生长也受到抑制，可减轻修剪量，提高坐果率；在秋季、花前和花后，结果树每株分别用多效唑0.15～0.50g，用5～10 kg水稀释后在主干周围挖沟浇入，比叶面喷施的效果好，且不易产生药害，秋施和花前施坐果过多，需增加疏果工作量，否则影响果粒正常发育。

图9-7　脱落酸处理美人指后果实提早成熟、上色明显（左为对照）

应用植物生长调节剂的应注意以下几个方面：

（1）需重视综合栽培技术和使用植物生长调节剂相结合　使用植物生长调节剂是作为栽培管理的辅助性措施，在葡萄上应用植物生长调节剂，必须以合理的土、肥、水和架面管理等综合栽培技术为基础，合理应用才能达到高产、优质、高效的目的，决不可取代基本的栽培管理技术。

（2）需根据不同葡萄品种、树势、树龄特点来选择使用植物生长调节剂　如坐果良好的品种，就没有必要再用植物生长调节剂促进坐果。扦插容易生根的品种，也不一定要用生长素类药剂来催根。如巨峰用赤霉素处理果粒增大不明显，而藤稔、先锋等品种花后应用赤霉素处理效果显著，效果不明显的品种就没有必要进行膨大处理。对先锋、醉金香等品种进行无核化处理容易成功，处理后果粒大、品质优；而巨峰无核化处理的效果不稳定，大多数情况下表现果粒小、无核率低。又如对果实采用膨大处理时，如果没有充足的肥水，合理的控产，及时的疏穗、疏粒，适当的叶果比等条件，植物生长调节剂的功效就得不到充分的发挥，应用的目的就不会达到。

（3）需根据气候因素选择使用植物生长调节剂的时间与浓度　温度、湿度和处理时间对使用植物生长调节剂的效果影响较大。如在春末夏初时应选择在晴天上午12时以前或下午3时以后到落日之前，避开30℃以上的高温时间，空气湿度在60%～80%较好，以免造成药害，处理时湿度太大效果不太理想。

处理时的浓度和次数尤为重要。一般而言，无核品种进行增大果粒的处理时期比有核品种要早，无核化生产时花前处理比花期处理无核率高，赤霉素在花前使用可以起到拉长花序的作用，在果实膨大期使用是增大果粒的作用；无核品种，单性结实品种在盛花后几天内用赤霉素促进果实生长的效果最好，种子败育型结实品种，最有效的时间是在胚败育期，约为盛花后10d左右。

此外，不同果园、不同年份由于气候条件变化，具体处理时期一般需根据多年积累的经验，由物候期指标来决定。

目前关于植物生长调节剂的作用机制、生物学功能以及相互之间复杂的关系等仍有很多问题，有待进一步研究并加以论证，需充分挖掘植物生长调节剂自身以及相互之间在葡萄栽培上的量与质、互作的关系，并科学、合理、适度使用植物生长调节剂，以便更好地达到葡萄优质高效的要求。

（编者：钟晓红）

第 10 章

葡萄产期调控

葡萄产期调控旨在通过人为地创造适宜的环境条件，提早或延迟鲜食葡萄的供应期，以调节市场，获得更好的效益，为南方葡萄产业可持续、全方位协调发展增添活力。

一、产期调控的方式

按照预定葡萄成熟期与常规栽培的比较来划分，产期调控可分为促成栽培、延迟栽培和一年两收栽培三种方式。

1. **葡萄促成栽培** 促成栽培是人为打破葡萄的休眠，促进葡萄提前萌芽，创造能使葡萄提前成熟的设施生态环境，从而获得较高经济效益的一种产期调控栽培方式（图10-1）。满足葡萄休眠的需冷量为7.2℃以下低温1 000 ~ 2 000h。南方地区葡萄通过休眠的时期在1月上旬至2月中旬，但因品种而异。

冬季大棚覆膜保温 大棚内葡萄提早萌芽

图10-1 湖南省大棚促成栽培（杨国顺 供图）

2. **葡萄延迟栽培** 延迟栽培是指利用日光温室或塑料大棚进行增温和保温，通过后期覆盖措施延迟葡萄的生育期，使果实延迟到当年11 ~ 12月采收上市的一种栽培方式（图10-2）。另一种方式是于每年5月或以后，剪除当季花穗后加强肥水管理，用缩节胺等生长抑制剂控制枝梢旺长，逼发冬芽或夏芽副梢抽生花穗，开花结果，使葡萄延迟到10月以后成熟上市。延迟栽培的目的就是延长葡萄浆果成熟期，延迟采收，调节浆果上市季节，减轻旺季上市压力（图10-3）。

图10-2　冷凉地区设施延迟栽培
（晁无疾 供图）

图10-3　红地球葡萄延迟栽培
（杨国顺 供图）

3.葡萄一年两收栽培　葡萄的一年两收，是在良好的土、肥、水、温、光、热等条件的基础上，分为"两代同堂"栽培模式以及"两代不同堂"的两收即生育期完全不重叠栽培模式。通过修剪、化学调控等手段进行催芽，采用适宜的综合配套栽培技术，两代同堂栽培模式的第一茬果与第二茬果分别于7～8月和10～11月正常成熟；两代不同堂栽培模式的第一茬果（夏果）与第二茬果（冬果）分别于6～7月和12月正常成熟（图10-4）。

图10-4　一年两收栽培（陈爱军 供图）

二、葡萄产期调控的方法

1.葡萄促成栽培　葡萄促成栽培一般是利用棚膜的增温、保温效果，辅以温、湿度控制，创造葡萄生长发育的适宜条件，使其比露地提早生长、发育，浆果提早成熟并提高果实品质，以满足市场需求的一种栽培方式。在促成栽培方式下，葡萄一般于2～3月萌芽，6～7月收获果实。生长上可通过整形修剪的方法，在特定时期促进或抑制枝蔓生长发育，人为控制花芽分化，以实现葡萄的产期调控（图10-5）。

1月底扣膜保温　　　　　　　　　　　3月底开花

6月上、中旬果实初熟　　　　　　6月底至7月上旬果实完熟

图10-5　湖南农业大学葡萄基地的夏黑无核促早栽培（杨国顺　供图）

图10-6　葡萄连栋大棚

（1）大棚构建　以定型装配式钢管大棚为多（图10-6）。南方的单栋大棚，一般宽6m，肩高1.8～2m，脊高3.2m，（乙烯-醋酸乙烯膜）无滴膜或有色紫光膜等，连栋棚有逐渐增多趋势。为减少成本，选择建造竹木结构大棚，也可获得较好效果。

（2）促芽萌发　促进葡萄芽提早萌发是大棚促成栽培中的一项重要技术措施。修剪后于1月下旬至2月上旬催芽，根据结果母枝长势情况留6～10芽修剪，并用50%单氰胺20倍溶液（加适量胭脂红染红破眠剂）均匀涂抹在冬芽上（图10-7、图10-8）。春季破眠隔一个芽点一个，顶端第一个芽不处理；夏季则点剪口芽催芽。

　　一般利用适宜浓度的单氰胺或石灰氮溶液，涂抹于葡萄芽体上，化学破除其休眠，促进萌芽，这一化学调控技术已在生产中普遍应用。

图10-7　单氰胺处理打破休眠　　　　图10-8　新梢的同步抽发和花期相对统一
（黄旭明　供图）　　　　　　　　　　（黄旭明　供图）

　　(3) 温度和环境调控　　大棚生态环境调控中温度是最重要的因子。早春覆膜时期，南方在1～2月，因地域而有差异。覆膜后，应尽量密闭保温，但温度不宜过高，白天温度超过30℃时需揭膜降温，随天气的逐步回暖揭膜也日渐频繁，直至四周全部揭开。棚内葡萄生长之后可结合每天通风降温补充CO_2，行间铺地膜可降低棚内湿度。

　　(4) 树体管理　　由于棚膜的遮光，大棚内光照较弱，栽培设计时应注意适当放宽栽植密度，合理修剪，控制产量。架式可用篱棚架，棚面倾斜向上，每棚栽两行，行间距2.5～4.0m。树形采用双主蔓小扇形，以长、中梢修剪为主。依据品种制定花穗整形、疏花疏果等技术，产量一般控制在11 250～15 000kg/hm^{2}为好，务求质量第一。夏季修剪要严格控制新梢，保持叶幕通风透光。

　　(5) 土、肥、水管理　　葡萄园内严禁用草甘磷等化学除草剂，在杂草尚未开花结籽前及时进行人工和割草机相结合割草。

　　大棚内土壤易聚积盐分，因此要少施化肥，多施有机肥。土壤追肥3～4次，第一次在果实坐稳后，以氮肥为主，配施磷、钾肥；第二次在幼果膨大期，以磷、钾肥为主，配施氮肥；第三次在果实开始着色时，施磷、钾肥，适量施用氮肥。叶面喷肥在新叶展开后，分别于开花前、谢花后叶面喷施0.2%～0.3%硼砂、0.2%尿素和0.2%磷酸二氢钾；在果实膨大期喷施0.2%磷酸二氢钾及有机液肥；在果实着色期喷施0.2%硫酸镁，在采果后喷施0.2%尿素2～3次。

灌溉水质无污染，分别在葡萄修剪后、开花前、浆果生长期灌水一次，花期禁止灌水。每次灌水量以湿透根系主要分布层（30～50cm）为限，并达到田间最大持水量的60%～70%。尽量采用滴灌、喷灌等节水灌溉方式。浆果采收前20～25d停止灌水。雨季前疏通排水系统，注意及时排水。

2. **葡萄延迟栽培**　在南方地区，可通过在葡萄成熟前重回缩（剪掉部分副梢），促进顶部冬芽萌发和副梢生长，使葡萄成熟期推迟的模式。澧县的夏黑无核可延迟成熟至9月底到10月上旬（图10-9）。其主要原理是通过重剪，减少了对果实养分的供应；另一方面新梢再次生长的嫩尖幼叶产生的赤霉素、生长素影响了体内激素的平衡关系，使果实成熟过程受到抑制。

利用二次结果来延迟采收可参考一年两收栽培。

3. **葡萄一年两收栽培**（图10-10、图10-11）

夏芽副梢二次结果是利用当年早熟的夏芽抽生花序、结果；冬芽副梢

2015年7月19日浆果生长状　　　　2015年9月30日浆果成熟

图10-9　澧县的夏黑无核延迟二次果的成熟期（王先荣　供图）

二次结果是通过诱导冬芽花序分化和萌发实现二次结果。湖南省蓝山县彭俊诚的夏黑无核、澧县高妻葡萄一年两收，第一茬果在6月底至7月上旬上市，第二茬果在11月底至12月上旬上市。

控产提质的夏黑无核二茬果　　　　　　　夏黑无核单穗二茬果

图10-10　湖南省蓝山县彭俊诚的夏黑无核葡萄一年两收（石雪晖 供图）

高妻二茬果套袋

高妻二茬果采收前摘袋

高妻单穗二茬果

图10-11　湖南省澧县高妻葡萄一年两收（王先荣 供图）

主梢修剪位置

二次果已经成熟

图10-12　巨峰葡萄逼冬芽二次结果

（1）利用冬芽二次结果技术　利用冬芽副梢二次结果时，其关键之一是要迫使、加速当年枝条上冬芽中花芽的分化与形成，二是要使冬芽副梢按时整齐地萌发，7月份修剪比6月份修剪冬芽萌发的效果好，且可保证果实当年能充分成熟（图10-12）。利用冬芽副梢二次结果主要措施是：

①施肥。壮果肥照常施用。主梢展开10片叶左右、第6～8节位的冬芽饱满时（这是处理的关键时期），离树60cm外，挖20cm深的沟，每667m² 施45%复合肥50kg、尿素25kg，施肥后必须及时浇透水。隔2～3d后，用0.3%尿素加冲施宝400倍液淋施，每株树浇约5kg肥水。

②修剪。留下7～8片叶摘心（每根枝梢的剪口以下必须要有2～3个饱满冬芽时才能摘心），去掉已经处理枝梢的全部副梢，使养分完全集中运向顶端的1～2个冬芽，促进冬芽提前萌发（图10-13）。若第一个萌发的冬芽枝梢中无花序时，可将这个冬芽副梢连同主梢一并剪去，以刺激枝条下面有花序的冬芽萌发。全株只处理不超过10根枝条（处理枝为全株总枝量的一半），其余枝条留作下一年的结果母枝。

③促花。摘心后，用50%矮壮素750倍液+21%禾丰硼3 000倍液+每

主梢摘心

主梢顶端冬芽萌发

图10-13　冬芽二次结果技术（杨国顺 供图）

667m² 喷 50 ～ 60kg，全树喷。冬芽萌动露白，用50%的矮壮素750倍液
+21% 禾丰硼3 000倍液+高能素1 500倍液，每667m²喷50 ～ 60kg，全树
喷。冬芽展叶前，用50%的矮壮素600倍液+21%禾丰硼3 000倍+高能素
1 500倍，每667m²喷50 ～ 60kg，全树喷。

④防病虫。摘心后3 ～ 4d，用10%思科1 500倍液+65%代森锌600倍
液+40%高效氯氰菊酯1 000倍液喷雾，以见液滴为适。

第一次喷药后10d，用10%氟硅唑2 000倍液+40%嘧霉胺800倍液
+25%联苯菊酯1 500倍液+21%禾丰硼3 000倍液。

第二次喷药后10d，开花前用60%氟吗锰锌600倍液+10%思科1 500
倍液+25%菌思齐800倍液+2.5%敌杀死2 500倍液+21%禾丰硼3 000倍液
喷雾，以见液滴为适。

（2）利用夏芽二次结果技术

①剪枝。当新梢生长到5cm左右能辩别是否有花序时，如果发现无花
序，剪枝，总共留8 ～ 12个新梢，其中4 ～ 6个枝逼副梢结果，4 ～ 6个
枝留作来年的结果母枝。剪枝时留近去远，所留下的枝条必须是靠近主干
附近。以促进二次结果为目的的主梢摘心时间比一般摘心时间要早约1周，
同时也要结合一个地区的具体的生态环境和品种花芽形成的状况确定，关
键是一定要在摘心部位有1 ～ 2个夏芽尚未萌动时进行。

②施肥。每667m²用45%硫酸钾复合肥50kg，以主干为中心，向两边
延伸50cm，撒施于1m宽的范围内。同时用耙将土面锄松，每667m²用尿
素10kg淋施于1m宽的范围内，保湿。隔5 ～ 7d，每667m²用45%硫酸钾
复合肥25kg、尿素5.0 ～ 7.5kg，冲施宝2kg，用上述同样的方法施入土中。

③促花。新梢长5 ～ 10cm时用50%矮壮素10g兑水15kg，加上禾丰硼
3 000倍液，主要喷新梢顶部和副梢。隔3 ～ 5d，用50%矮壮素20g兑水15kg
加上禾丰硼3 000倍液。当新梢7 ～ 8叶时，用50%矮壮素30g兑水15kg，加
上禾丰硼3 000倍液喷新梢顶部和副梢，10 ～ 12叶时，3 ～ 4个副梢未露白，
用50%矮壮素30g兑水15kg加上禾丰硼3 000倍液喷新梢顶部和副梢。

注 意 事 项

①夏芽半粒米大小时是关键，当天必须摘心。②芽露白时就是打药促
花时，这是关键。③副梢10片叶时，一般有6 ～ 7个副梢有花序，上面只留
3 ～ 4个副梢，其余副梢抹除。④防病虫。病虫害防治同前。

三、影响葡萄产期调控的因素

1.环境因素　环境因素中温度是葡萄产期调控的关键因子，决定葡萄物候期进程，开花前30～40d的日平均温度与开花早晚及花器发育、花粉萌发、授粉受精及坐果等密切相关。光对葡萄花芽分化形成起决定性的作用，在花芽分化过程中，较强的光照能增强葡萄花芽分化能力。湿度对葡萄花芽分化也有一定的影响，适度干旱有利于葡萄花芽分化，而连续的阴雨天，则会推迟开花。

2.栽培措施　合理的栽培技术措施能促进葡萄花芽分化形成。如摘心处理可以明显促进葡萄花芽分化，且主梢摘心强度不同对冬芽花芽分化进程有一定影响。如在主梢花序上留2片叶摘心对冬芽花芽分化不利；留4片叶摘心较为有利；而留8片叶摘心的花芽分化进程亦较慢。短梢修剪对葡萄主梢和副梢上冬芽的花芽分化都起促进作用，处理后的冬芽能迅速进入花器官分化。在栽培上应控制营养生长，合理利用植物生长调节剂，促进花芽分化，进一步完善葡萄产期调控。

3.植物生长调节剂　植物生长调控物质中乙烯、核黄素等可通过调节成熟基因而对葡萄成熟具有促进的效果。氰胺类（荣芽、朵美兹等）化学物质则通过打破葡萄芽休眠，促进萌芽、开花和成熟期的提前，在葡萄产期调节中常用作催芽剂，调整某些品种因休眠不足而发芽慢、不整齐的情况。青鲜素在延迟栽培中可起到推迟萌芽的作用。脱落酸是最重要的生长抑制剂，阻止落叶果树萌发，一直被称为"休眠诱导因子"。

四、适于产期调控的品种

1.大棚促成栽培品种　促成栽培以早、中熟品种为主，应选择大粒、优质、无核等经济效益高，耐弱光、耐湿，果实着色好等性状优良的品种。如金田蜜、夏黑无核、巨峰等在南方各地栽培较多，且品质优良，可满足市场需求。

2.延迟栽培品种　以红地球、美人指等品种为主，其延迟栽培成熟期为11～12月。除采用推迟萌芽，延长生长期等方法外，主要是利用其一年多次结果特性，剪除副梢，逼发冬芽抽生花穗；为开成熟期或在发现当季花序少后,立即进行修剪,逼迫冬芽萌发、开花结果,实现延迟采收。

3.**一年两熟或多熟栽培品种**　在南方利用葡萄夏芽及逼发冬芽多次结果进行产期调控时,能多次结果的品种应以户太8号、夏黑无核、矢富罗莎、金田蜜、无核香妃、美人指、阳光玫瑰、巨玫瑰、巨峰、红地球、高妻等品种为宜(图10-14)。

户太8号　　　　　巨玫瑰　　　　　金田蜜

阳光玫瑰　　　　夏黑无核　　　　红地球

矢富罗莎　　　　美人指　　　　高妻

图10-14　一年两熟或多熟栽培品种(杨国顺 供图)

注意事项

产期调控需要注意以下几点：

1.正确选择品种　葡萄种类品种不同，花芽形成特点不同，同时一年中多次结果能力品种间差异较大。一般而言，葡萄种群之间差异较大，欧美杂种与欧亚种群多次结果能力较强，而东方种群多次结果能力较差，但即使在同一种群中，不同品种在不同的栽培条件下，一年多次结果能力均有所不同。因此，一定要进行观察、研究，选用适合产期调控的品种，并采用相应的栽培技术措施，这一点在产期调控上尤为重要。

2.依托当地环境　在葡萄产期调控中，一年两收或多收的葡萄生长期延长。由此，除了土壤、空气、水质符合要求外，还必须依托当地的气候条件，尤其是葡萄生长期≥10℃以上的有效积温、无霜期和日照时数等得到保障。在我国南方地区秋季温度适宜，降水量较少，日照充足，适于采用葡萄产期调控技术。

3.加强植株管理　葡萄产期调控中，一年多次结果使树体营养消耗显著增加，因此必须加强对植株的管理。如在肥料管理上要重视全年均衡施肥，适当增加追肥次数；在水分管理上春、夏季多雨，要及时排水防涝和秋季防旱；南方地区降水量大、空气湿度大，病虫害为害严重，必须高度重视防治，确保功能叶的健壮生长；合理负载和适时采收，在上年多次结果的情况下，负载量不宜过大，否则会影响果实的正常成熟和品质，且将影响来年的树体生长、产量与品质，可根据树体生长状况、栽培目的及管理水平来确定，若为了避开上市旺季而延迟成熟，可疏除一次果，只保留二次果；须在葡萄品种特点充分显示之后采收，不能采收过早。

为了促进二次结果连年稳产、优质，还需重视整形修剪、化学调控、增强叶片光合效率等一系列配套技术的应用，一般在第一次摘心后喷1 000～2 000mg/kg的矮壮素（CCC）以促进花芽分化，同时在坐果后利用1～3mg/kg氯吡脲（CPPU）或用10～25mg/kg赤霉素（GA$_3$）浸蘸果穗，增大二次果的果粒。同时在二次结果开始成熟时用450～500mg/L的乙烯利浸蘸果穗，以促进果实成熟。

（编者：杨国顺　王美军）

第**11**章
葡萄主要病虫害防治

霜霉病　真菌性病害

【发病规律】在我国南方地区，春、秋季低温，多雨多露，易引起病害流行。夏季温度超过33℃会导致孢子囊的形成、萌发和孢子的萌发受到抑制，病害不易流行。果园地势低洼、架面通风不良、树势衰弱，有利于病害发生。

【症　状】葡萄霜霉病主要为害叶片，发病严重时能侵染新梢、幼果等幼嫩组织。叶片被害，初生淡黄色水渍状边缘不清晰的小斑点，以后逐渐扩大为褐色不规则形病斑，叶背面产生白色霜霉状物，发病严重时病叶脱落。幼果病部呈水渍状，生白色霜霉，病部果肉呈褐色，易萎缩脱落。果实着色后不再侵染（图11-1、图11-2）。

图11-1　霜霉病为害叶片（谭柏春 供图）　　图11-2　霜霉病为害幼果（周俊 供图）

【综合防治】①冬季彻底清园。春季萌芽前喷5波美度石硫合剂。②及时摘心，疏枝绑蔓，改善通风透光条件。③生长季节在发病前喷1：1：200波尔多液进行保护，发病初期用烯酰吗啉或嘧菌酯悬浮剂等药剂治疗，每10～15d喷一次，共喷2～3次，效果显著。

炭疽病　真菌性病害

【发病规律】病害从6月下旬开始发生，果实成熟期进入发病高峰。果皮薄的品种发病较严重。病菌也可侵入叶片、新梢等组织，成为下一年的侵染源。土壤黏重、地势低洼、通风透光不足果园发病重。

【症　　状】主要为害接近成熟的果实、果梗和穗轴。果实受害后，先在果面产生针头大小的褐色圆形小斑点，之后病斑逐渐扩大并凹陷，表面产生同心轮纹状排列的小黑点，病斑可以扩展到整个果面。果梗及穗轴发病，产生暗褐色长圆形的凹陷病斑，严重时使全穗果粒干枯或脱落（图11-3）。

【综合防治】①冬季彻底清园，消灭越冬菌源。②及时摘心、绑蔓和中耕除草，为植株创造良好的通风透光条件。③果穗套袋是防葡萄炭疽病的特效措施。④萌芽前喷洒5波美度的石硫合剂铲除病原体。5月下旬开始，根据天气与病害发生情况，每隔15d左右喷1次药，共喷3～4次。常用药剂有：退菌特、福美双、苯醚甲环唑等。

图11-3　炭疽病为害果实（周俊 供图）

灰霉病　真菌性病害

【发病规律】春季葡萄花期，若遇连续阴雨，空气湿度大，常造成花穗腐烂脱落，严重影响坐果。果实成熟期，果实糖分、水分增高，抗性降低，会形成一个发病高峰。管理粗放、施氮肥过量、机械损伤、虫伤较多的葡萄园易发病。

【症　　状】花序、幼果感病，先在花梗和穗轴上产生水渍状病斑，后病斑变褐色并软腐，造成大量落花落果。新梢及幼叶感病，产生淡褐色或红褐色不规则病斑。果实上近成熟时感病，果面上出现褐色凹陷病斑，扩展后，整个果实腐烂，并产生灰色孢子堆（图11-4至图11-7）。

【综合防治】①冬季彻底清园，消灭病源。②及时摘心、绑蔓和中耕除草。果穗套袋能有效防止葡萄灰霉病病菌的侵染。③萌芽前喷施5波美度的石硫合剂铲除越冬病原体。前期以预防为主，喷施波尔多液或保护性的杀菌剂；若发病，可选择如甲基硫菌灵等内吸性的杀菌剂进行防治。

图11-4　灰霉病为害花序

图11-5　灰霉病为害果实

图11-6　灰霉病为害叶片（周敏 供图）

图11-7　灰霉病为害枝条

白腐病 真菌性病害

【发病规律】 在南方，谢花后始见病穗，出现第一次高峰；成熟前15d开始进入盛发期。近地面处以及在土壤黏重、地势低洼、枝叶密闭条件下病情严重。

【症　状】 果梗和穗轴上发病处先产生淡褐色水渍状近圆形病斑，之后病部变褐干枯，致果实发白软烂，变褐干枯。枝蔓上发病，初期显水渍状淡褐色病斑，后期病部表皮纵裂与木质部分离。叶片发病多发生在叶缘部，初生褐色水浸状不规则病斑，逐渐扩大略成楔形，有褐色轮纹。后期病部表面产生黑色小颗粒状分生孢子器（图11-8、图11-9）。

图11-8　白腐病为害叶片（周俊 供图）

【综合防治】 ①冬季彻底清园，消灭病源，为植株创造良好的通风透光条件。②萌芽前喷施5波美度的石硫合剂铲除越冬病原体。在发病前使用广谱农业药进行植株全面喷施。发病初期，使用杀菌农药，每7~10d喷施1次，喷药次数视病情而定。可选择的药物有：福美双、醚菌酯，百菌清，代森锰锌等。

图11-9　白腐病为害果穗

黑痘病 真菌性病害

【发病规律】葡萄萌动展叶时，病害开始出现，主要侵染幼嫩组织。6月中、下旬发病达到高峰，7～8月温度超过30℃，雨量减少，组织逐渐老化，病情受到抑制。秋季气温降低，遇阴雨时病情再次出现。

【症　　状】受害初期发生针头大小褐斑，之后发展成黄褐色圆形病斑，中部呈灰色，最后病部组织干枯硬化、脱落成穿孔。绿果感病初期产生褐色圆斑，圆斑中部灰白色，略凹陷，边缘褐色或深褐色，似鸟眼状，后期病斑硬化或龟裂。病果味酸，无法成熟（图11-10、图11-11）。

【综合防治】搞好清园工作，萌芽前喷洒5波美度的石硫合剂铲除越冬病原。在开花前后各喷1次1：1：200的波尔多液或百菌清液。发生黑痘病侵染，可使用氟硅唑、苯醚甲环唑、嘧菌酯等药物有效控制病情的发展。

图11-10　黑痘病为害幼果（周俊 供图）

图11-11　黑痘病为害叶片

穗轴褐枯病 真菌性病害

【发病规律】该病的分生孢子借风雨传播，主要侵染花梗、穗轴、幼果。若花期低温多雨，病菌扩展蔓延后造成严重落花落果。地势低洼、通风透光差时发病重。

【症　　状】该病发生在穗轴、花序和幼果上，先在幼穗的分枝穗轴上产生褐色水渍状斑点，迅速扩展后致穗轴变褐坏死，天气潮湿时，在病部表面产生黑色霉状物，小穗失水萎蔫或脱落，严重时造成严重减产。该病很少向主穗轴扩展（图11-12）。

【综合防治】①做好前期清园工作，减少病原菌数量。②萌芽前喷洒5波美度的石硫合剂铲除越冬病原体。③加强栽培管理，同时搞好果园通风透光，重施有机肥。④葡萄穗轴褐枯病防治药剂推荐：嘧菌酯悬浮剂、苯醚甲环唑、腐霉利、甲霜灵等药剂。

图11-12　穗轴褐枯病为害果穗（周俊 供图）

褐斑病　真菌性病害

【发病规律】分生孢子通过风雨、昆虫传播。短期内可重复侵染。一般在5、6月初发，7～9月为发病盛期。温度高、湿度大易导致发病，一般幼叶发病重，老叶发病轻。

【症　　状】褐斑病是由葡萄假尾孢菌侵染引起，主要为害叶片，发病初期呈淡褐色、不规则的角状斑点，病斑由淡褐变褐，数斑连结成大斑，病部枯死。小褐斑病侵染点发病出现黄绿色小圆斑，并逐渐扩展为较大的圆形病斑。病斑部逐渐枯死变褐进而成茶褐色，后期叶背面病斑长出黑色霉层（图11-13）。

【综合防治】做好冬季清园工作，萌芽前喷洒5波美度石硫合剂铲除病原体，在发病初期喷药多菌灵、波尔多液、代森锰锌可湿性粉剂、百菌清可湿性粉剂、甲基硫菌灵悬浮剂，隔10 ~ 15d喷1次，连续防治3 ~ 4次。

中期症状　　　　　　　　　　　　后期症状

图11-13　褐斑病为害叶片症状

溃疡病 真菌性病害

【发病规律】在我国南方各葡萄主种植省份均有发生，病害造成葡萄减产，主要通过雨水传播，树势弱容易感病。

【症　　状】溃疡病主要为害穗轴、果梗及果刷部位，受害的穗轴上会出现黑褐色病斑，果梗干枯，果实极易脱落，或逐渐干缩；枝条染病出现灰白色梭形病斑，病斑上着生黑色小点，横切病枝条维管束变褐；叶片染病叶肉变黄呈虎皮斑纹状（图11-14）。

【综合防治】①做好冬季清园工作，减少病原菌数量。②萌芽前喷洒5度波美度的石硫合剂铲除越冬病原体。③一旦发现溃疡病，及时摘除病果、病穗，用嘧菌酯、苯醚甲环唑、戊唑醇等全园喷雾，重点喷果穗。

图11-14　溃疡病为害果穗

日灼病　　生理性病害

【症　状】幼果膨大期强光照射和温度剧变是该病发生的主要原因。果穗在缺少阴蔽的情况下，受高温、空气干燥与阳光的强辐射作用，果粒幼嫩的表皮组织水分失衡发生灼伤（图11-15、图11-16）。

图11-15　金手指发生严重日灼病
（周敏　供图）

图11-16　葡萄幼果发生日灼病

【发病规律】连续阴雨天突然转晴后，果实易发生日灼；植株结果过多，树势衰弱，叶幕层发育不良，会加重日灼病发生；果树外围果穗、果实向阳面日灼发生重；夏季新梢摘心过早、过度，果实不能得到适当遮阴，易发生日灼病。

【防治措施】①合理施肥灌水，增施有机肥，合理搭配氮、磷、钾和微量元素肥料。②浆果期遇高温干旱天气及时灌水。③保持土壤良好的透气性。④搞好疏花疏果，合理负载。夏剪时果穗附近适当多留些叶片。⑤适时摘心、减少幼叶数量，避免叶片过多与果实争夺水分。⑥应于坐果稳定后尽早套袋。

水罐子病　生理性病害

【症　状】水罐子病又称转色病，一般于果实近成熟时开始发生。发病时先在穗尖或副穗上发生，严重时全穗发病。绿色与黄色品种表现水渍状，其他有色品种果实着色不正常，颜色暗淡、无光泽，果实含水量多，果肉变软，含糖量低，酸度大，无使用价值。病果易脱落（图11-17）。

图11-17　水罐子病症状

【发病规律】树势弱，负载量大，有效叶面积小，营养供应不足时发生严重；果实成熟时营养生长过旺，发病就重；地势低洼，土壤通透性较差的果园发病重；肥料偏施氮肥，发病较重；夜温高，特别是高温后遇大雨时发病重。

【防治措施】①加强土、肥、水管理，增施有机肥；根施和根外喷施磷、钾肥，增强树势，提高抗逆性。②严格控制单株留果量，及时摘心和处理副梢，适当多留主梢叶片，增加叶果比。③干旱季节及时灌水，雨季注意排水，保持土壤适宜湿度。

根癌病 <u>细菌性病害</u>

【症　　状】根癌病又叫根瘤病，在近地面根以上部位形成肿瘤。发病初期在枝干形成绿白色或淡白褐色瘤状组织；老化后呈暗褐色，质地变硬；肿瘤组织逐渐形成大的突起，形成大量的粗糙裂纹，阴雨潮湿天气易腐烂脱落，有腥臭味；皮层脱落后裸露出葡萄的木质部，使枝干生理机能显著下降，主干和主枝逐渐干枯死亡。随着树龄的增加，除了主干外，主枝、侧枝和结果母枝上均能形成肿瘤（图11-18）。

【发病规律】在南方地区5～10月均可发病，病原菌通过伤口侵入植株体内，可以随农事器具传播，也可以通过土壤、雨水、灌溉水进行传播。湿度大、土壤黏重、排水不良的碱性土壤发病严重。

【综合防治】①苗木定植前用1%硫酸铜溶液浸泡5min，或2%石灰水，或3波美度的石硫合剂中浸泡2～3min进行杀菌。②农事操作时避免对树干造成伤口；注意改良土壤，多施有机肥、菌肥，及时松土、排水。③大树感病可将瘤体清除干净，在伤口上涂石灰乳、石硫合剂渣或链霉素等药剂进行治疗。

图11-18　根癌病症状

卷叶病毒病 <u>病毒性病害</u>

【症　　状】在葡萄生长前期无明显症状，夏末秋初，在枝条基部成熟的叶片上出现向背面反卷的症状，红色品种叶脉间的叶肉变红，白色品种叶脉间的叶肉变黄，后逐渐蔓延至全株。多数感染的品种叶片变厚发脆，感病的植株果穗小，着色不良，成熟期延迟，品质降低（图11-19）。

【病原与传播途径】卷叶病毒可通过感染的插条、接穗作长距离传播，有试验证明卷叶病与蚜虫、粉蚧的存在有关，在果园内传播、扩散较慢。

【防治措施】该病最有效的防治方法就是选用脱毒苗木，引进苗木时必须检疫，确定不带病毒后方可繁殖和种植，田间发现病株必须及时铲除，减少病毒的扩散。

图11-19 卷叶病毒病（张尊平 供图）

扇叶病毒病 .... 病毒性病害

【症　　状】葡萄扇叶病又称扇叶退化症，根据发病症状分为以下3种。

1. **扇叶型**（图11-20） 病株矮化或生长衰弱，叶片变形，严重扭曲，叶形不对称，呈环状，皱缩，叶缘锯齿尖锐。新梢表现为不正常分枝、双芽、节间长短不等或极短、带化或弯曲等。果穗少，穗型小，成熟期不整齐，果粒小，坐果不良。叶片在早春即表现症状，并持续到生长季节结束。夏天症状稍退。

2. **黄化叶型**（图11-21） 病株在早春呈现铬黄色褪色，病毒侵染植株全部生长部分，叶片色泽改变，出现一些散生不规则斑驳。严重时全叶黄化。叶片和枝梢变形不明显，果穗和果粒比正常果小。

3. 脉带型（图11-22） 在炎热的夏季，幼嫩叶片保持正常的绿色，而在部分成熟的叶片首先沿叶脉黄色斑纹，逐渐向脉间扩散，稍带白色或趋向于褪色，叶片稍有变形。果穗小而分散，成熟期不整齐，果粒小。

【病原与传播途径】病毒的自然寄主只限于葡萄属，葡萄种子不能传播。葡萄园之间的病毒传播，主要以线虫为媒介，长距离的传播，主要是通过感染插条、接穗、砧木的转运。

图11-20 扇叶型（张尊平 供图）

图11-21 黄化叶型（董雅凤 供图）

【防治措施】该病最有效的防治方法就是选用脱毒苗木，引进苗木时必须检疫，确定不带病毒后方可繁殖和种植，田间发现病株必须及时铲除，减少病原的扩散。因为剑线虫在土壤中传播病毒，如果葡萄园有这种线虫，要用二氧化硫或溴甲烷对土壤熏蒸处理，减少虫口数量，降低发病率。

图11-22 脉带型（张尊平 供图）

葡萄斑叶蝉 　吸食葡萄芽、叶片汁液的害虫

【为害特点】成虫或若虫在葡萄叶片背面刺吸汁液，受害叶片先出现失绿小白点，后连成白斑，致使叶片苍白焦枯，提早脱落（图11-23）。

【发生规律】成虫在果园杂草丛、落叶下、土缝、石缝等处越冬。翌年3月葡萄发芽时，成虫即开始活动。葡萄出芽后为害嫩芽，喜在叶背面活动。此虫喜阴蔽，受惊扰则蹦飞。凡地势潮湿、杂草丛生、副梢管理不好，通风透光不良的果园，发生多、受害重。葡萄品种之间也有差别，一般叶背面茸毛少的欧洲种受害重，茸毛多的美洲种受害轻。

【防治措施】①葡萄远离常绿灌木，冬季清园，铲除园边杂草，以减少越冬虫源。②合理修剪和整枝，通风透光。③尽量少喷广谱性杀虫剂，保护寄生蜂卵。④药剂防治。可于5月中、下旬第一代若虫发生期进行。有效药剂有50%杀螟松乳油、75%辛硫磷乳油、25%速灭威可湿性粉剂等。

图11-23　斑叶蝉为害叶片（王立如 供图）

斑衣蜡蝉 　吸食葡萄芽、叶片汁液的害虫

【为害特点】成、若虫刺吸葡萄嫩茎和叶片汁液，嫩梢被害后多萎蔫变黑，嫩叶初期显黄褐色小点，逐渐形成枯斑以致穿孔、破裂，其排泄物污染枝叶和果实，引起霉菌寄生而变黑。影响光合作用，降低果实品质（图11-24、图11-25）。

图11-24　斑衣蜡蝉成虫

图11-25　斑衣蜡蝉若虫

【发生规律】一年1代，以卵块在葡萄枝干和支架上越冬。翌春葡萄抽梢后卵孵化为若虫。若虫群聚嫩梢和叶背为害，以后逐渐分散。成虫羽化期在6月中旬至7月，8月中、下旬陆续交尾，产卵越冬。若虫期约60d，成虫寿命长达4个月。成、若虫均白天取食，有一定的群聚性。喜为害欧亚种的葡萄品种。

【防治措施】①葡萄园应远离臭椿、苦楝、构树等。②结合冬剪，刮除老蔓上的越冬卵块。③4～5月若虫孵化后进行药剂防治，最好在一龄若虫聚集嫩梢上尚未分散时进行局部防治。药剂可选用溴氰菊酯。春季防治叶蝉时可得到兼治。

葡萄短须螨　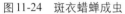吸食葡萄芽、叶片汁液的害虫

【为害特点】以成、若螨刺吸叶、嫩梢和果穗汁液。叶上出现黑褐色斑块，严重时全叶焦枯；嫩茎、卷须、穗轴和果柄等处呈黑褐色凹凸不平的坏死斑，俗称"铁丝蔓"，质脆易折断。果粒被害后表面呈铁锈色，皮粗糙易龟裂，后期被害影响着色，糖分降低。一般叶片茸毛短的品种，如玫瑰香、佳丽酿等受害较重，而茸毛密且长或少且光滑的品种则受害较轻（图11-26）。

【发生规律】在南方地区每年发生6代以上，以浅褐色的雌成螨在老蔓裂皮缝、叶腋及松散的芽鳞茸毛内越冬。3月下旬葡萄发芽时雌螨开始活动，

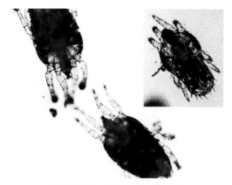

图11-26　葡萄短须螨成螨

先在靠近主蔓的嫩芽和嫩梢基部为害。半月左右开始产卵，散产于叶背和叶柄等处。随着新梢的生长螨群不断向上部蔓延，7、8月是发生盛期，各虫态同时存在，11月中旬潜伏越冬。

【防治措施】①新建园时，应清除园周围的其他寄主植物，带虫苗木应先行药剂处理后再栽植。②早春葡萄萌芽初期喷5度石硫合剂，杀灭雌螨；6月虫量多时可喷1次杀螨剂，防止7、8月繁殖盛期猖獗成灾，可选用双甲脒乳油、水胺硫磷，其他有效杀螨剂还有克螨特、噻·螨酮、溴螨酯、霸螨灵和苦楝油等。应交替轮换用药，避免螨类产生抗药性。③保护和利用天敌，尽量少用广谱性杀虫剂。

绿盲蝽　吸食葡萄芽、叶片汁液的害虫

【为害特点】葡萄新梢嫩芽被刺吸后变干枯。嫩叶受害后，出现黑色小点，随着叶片生长，形成不规则孔洞，叶片萎缩不平，残缺畸形。花蕾受害后即停止发育并干枯脱落，受害幼果初期表面呈现不规则的黑点，随着果实膨大，黑点变为褐色和黑褐色，形成不规则的疮痂，少数果实在疮痂处开裂（图11-27、图11-28）。

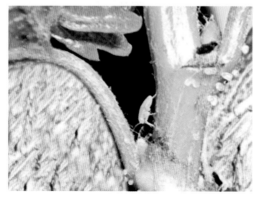

图11-27　绿盲蝽若虫（王立如 供图）

图11-28　绿盲蝽为害叶片（周俊 供图）

【发生规律】绿盲蝽1年发生4~5代，在葡萄整个生育期都有发生，第1、2代为主要为害代。绿盲蝽的发生与葡萄生长发育有关。主要取食危害葡萄嫩芽、花序和幼果。第5代成虫于9月下旬开始大量迁回葡萄园产卵越冬，发生数量多，持续时间长，从9月中旬一直到11月上、中旬均有成虫发生。

【防治措施】①越冬前清园。刮除枝蔓上的老粗皮，剪除有卵枯枝及上一年修剪留下的残桩，带出园外集中烧毁。②诱杀。在葡萄生长季节，悬挂频振式杀虫灯进行诱杀，悬挂粘虫板或释放性激素来诱杀成虫。③化学防治。春季当芽眼鳞片开裂膨大成绒球时，全园喷1次5波美度石硫合剂，降低虫卵孵化率。注重葡萄生长前期的防治，一般可从4月初开始在葡萄展叶后、第1代若虫发生时及时喷药，杀死第1代若虫。常用药剂有吡虫啉、啶虫脒、高效氯氰菊酯、氰戊菊酯、阿维菌素等。

葡萄粉蚧　　吸食葡萄芽、叶片汁液的害虫

【为害特点】介壳虫是葡萄生产中较难防治的一种半翅目刺吸式害虫。在葡萄园有许多种介壳虫发生，但国内外主要葡萄产区发生比较普遍。成虫和幼虫在叶背、果实阴面、果穗内的小穗轴、穗梗等处刺吸汁液，使果实生长发育受到影响。果实或穗梗被害，造成果实出现大小不等的黑褐色斑点，早期为害果穗会造成果实坏死。表面呈棕黑色油腻状，不易被雨水冲洗掉。粉蚧还会产生大量白色棉絮状蜡粉和蜜露引发二次病害，严重影响鲜食葡萄的质量和经济价值（图11-29）。

图11-29　粉蚧为害葡萄枝干

【发生规律】葡萄粉蚧的越冬代在5月中旬到6月初发育成熟，雌虫交配后在老树皮中产卵。第一代葡萄粉蚧从6月中旬到7月初孵化，而后逐渐爬至藤蔓、

果实或树叶上取食。7～9月是葡萄粉蚧为害的主要时期。温度是影响葡萄粉蚧生活史和种群数量的重要因素。

【防治措施】①越冬前清园（方法同前）。②夏季生长期及结果期，可使用吡虫啉、啶虫脒等防治。由于粉蚧生长在植物树皮、枝节或根部，农药喷雾器无法有效喷洒到这些位置，因此即使采用新型农药，也需要使用配套设备将药剂输送到粉蚧的发生部位。如在根部可采用滴灌或灌根等进行防治。

葡萄天蛾　啃食葡萄芽、叶片和果实的害虫

【为害特点】在国内各葡萄产区均有分布，主要以幼虫为害叶片，低龄幼虫食成缺刻与孔洞，稍大幼虫便将叶片食尽、残留部分粗脉和叶柄，严重时可将叶吃光。叶片食光后再转移邻近枝为害（图11-30、图11-31）。受害葡萄架下常有大粒虫粪。

【发生规律】该虫在南方1年发生3代，第1代发生在4月下旬至7月，第2代发生于7月上旬至8月中旬，第3代发生于8月至10月下旬，幼虫有不明显的世代重叠现象。成虫多产卵于叶背或嫩梢上。

【防治措施】①休眠期，挖除越冬蛹。②低龄幼虫期进行人工捕杀或喷50%杀螟松乳剂或2.5%溴氰菊酯或青虫菌等。③保护和利用天敌。可收集被寄生的幼虫和蛹，待寄生蜂将羽化时施放于田间，并避免喷广谱性杀虫剂。

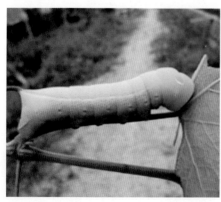

图11-30　天蛾幼虫为害叶片（王立如 供图）

图11-31　天蛾成虫（张志涛 供图）

金龟子 啃食葡萄芽、叶片和果实的害虫

【为害特点】金龟子属杂食性害虫，食性十分广泛。成虫啃食嫩叶、新梢和花穗，有时也取食老叶、芽、花蕾，发生严重时可将叶片全部吃光，啃食嫩枝，造成枝叶枯死。幼虫（蛴螬）危害苗木根茎部和嫩茎，可使苗木枯黄，气候干旱时可啃食皮层至木质部，甚至将小树从根茎处啃断，导致果树整株死亡。根茎被害后还易造成土传病害及线虫病害的发生（图11-32）。

图11-32　金龟子为害葡萄果实

【发生规律】金龟子多为1年1代，以幼虫和成虫在地下越冬。翌年随着气温回升、土壤潮湿，越冬幼虫化蛹和羽化。5月中旬至6月下旬为成虫活动高峰期，卵多产在寄主根际周围疏松、腐殖质丰富的泥土或堆积厩肥、腐烂杂草或落叶中。

【防治措施】金龟子种类多、数量大、寄主广，果园虫源多来自附近山林、渠旁杂草和农田，必须园内和园外同时开展防治，并要做好虫情测报工作。

　　①农业防治。深翻改土，经机械、暴晒和鸟食可消灭蛴螬等地下害虫50% ~ 70%；不施未经腐熟的厩肥；禾谷类和块根、块茎作物受害重，应避免连种，果园行间不要种这些作物。②药剂防治。成虫发生初期，树冠喷胃毒剂或触杀剂如菊酯类等药剂；树冠喷石灰半量式波尔多液对成虫有一定驱避作用。③诱杀和捕杀成虫。对趋光性强的种类可用黑绿单管双光灯和黑光灯诱杀。

蜗　牛 啃食葡萄芽、叶片和果实的害虫

【为害特点】以其齿舌舔食叶片、茎、花蕾、果实造成空洞与缺刻，严重时食光叶片。同时分泌黏液，污染作物，导致有害病菌侵染，引发其他病

害（图11-33、图11-34）。

【发生规律】气候凉爽，湿度较大的季节危害严重，南方地区在4～6月为害，9月再次进入为害盛期，遇阴雨天气，作物受害则更严重，必须及时进行防治。

图11-33　蜗牛为害幼果（谭柏春 供图）

图11-34　蜗牛为害叶片（路瑶 供图）

【防治措施】①人工捕杀。于傍晚、早晨或阴天蜗牛活动时，捕捉植株上的蜗牛，集中处理；或用树枝、杂草、枝叶等诱集堆，使其潜伏于诱集堆内集中捕杀。②农业防治。彻底清除田间杂草、石块等可供其栖息的场所并撒上生石灰，减少其活动范围；大雨过后，在树干周围撒施一层石灰粉，蜗牛接触石灰粉后即被杀灭。适时中耕，翻地松土，使卵和虫体暴露于土壤表面，暴晒而亡。③化学防治。在其产卵前或有小蜗牛时，用6%密达蜗牛灵颗粒剂（四聚乙醛）撒施于地面或葡萄树根系周围，作为诱饵毒杀。第1次用药两周后再追加1次，效果更佳。一旦爬到植株上部，傍晚用喷雾型密达、蜗克星可湿性粉剂和30%除蜗特防治。

蓟 马　啃食葡萄芽、叶片和果实的害虫

【为害特点】蓟马主要是若虫和成虫以锉吸式口器锉吸幼果、嫩叶和新梢表皮细胞的汁液。葡萄幼果被害当时不变色，第2天被害部位失水干缩，形成小黑斑，影响果粒外观，降低商品价值，严重时可引起裂果。叶片受害因叶绿素被破坏，先出现褪绿的黄斑，后叶片变小，卷曲畸形，干枯，有时还出现穿孔。被害的新梢生长受到抑制（图11-35至图11-37）。

图11-35　蓟马成虫

图11-36　蓟马为害果实

图11-37　蓟马为害嫩梢

【发生规律】蓟马以成虫在葡萄植株或葱、蒜叶鞘及杂草残株上越冬。第2年葡萄展叶后开始为害，10月以后为害明显减轻。有时在葡萄上为害一段时间后，便迁到其他作物上为害繁殖。蓟马成虫活跃，能飞善跳，便于迁飞扩散。蓟马怕阳光，早晚或阴天后在叶片上为害严重。

【防治措施】①及时清园，减少越冬虫源。冬季修剪后应及时清园并冬灌，淹死土壤中越冬的若虫及蛹。②诱杀成虫。蓟马暴发期在园内悬挂天蓝色或白色的诱虫板，诱杀成虫。③化学防治。常用杀虫剂有吡虫啉可湿性粉剂、齐螨素乳油、阿维菌素、抗蚜威等。根据蓟马的发生状况，7～10d喷雾1次，连喷2～3次。

葡萄叶甲　啃食葡萄芽、叶片和果实的害虫

【为害特点】叶甲类害虫均以成虫和幼虫啃食葡萄叶片和嫩芽，严重时

将叶肉食尽仅残留叶脉。取食花梗、穗轴和幼果造成伤痕引起大量落花落果，使产量和品质降低。葡萄在整个生长期均可受害；幼虫生活于土中，取食须根和腐殖质（图11-38）。

【发生规律】以成虫和不同龄幼虫在土中越冬，5月中旬成虫开始出土为害，6月初始产卵；以幼虫越冬者6月底开始羽化为成虫。越冬代

图11-38　葡萄十星叶甲成虫（张志涛　供图）

和当年成虫重叠发生，田间成虫数量有2次高峰，分别在5月下旬至6月上旬和7月中、下旬。卵成堆产在枝蔓翘皮下，极个别产在叶片密接处和表土中。成虫昼夜均取食，风雨天多潜伏枝叶间或土下。

【防治措施】①人工防治。利用成虫假死性，振落收集杀死。6～7月刮除老翘皮，清除葡萄叶甲卵。②农业防治。冬季深翻树盘土壤20cm以上；开沟灌水，阻止成虫出土和使其窒息死亡。③树盘施药。春季越冬成虫出土前，在树盘土壤喷施辛硫磷或制成毒土；还可用3%杀螟松粉剂，杀灭土中成、幼虫。④树冠喷药。春季葡萄萌芽期和5～6月幼果期进行。选用2.5%溴氰菊酯、5%来福灵等药剂，均对成虫有良好杀灭效果。

葡萄透翅蛾　钻蛀葡萄枝蔓的害虫

【为害特点】以幼虫蛀食葡萄枝蔓髓部为害，被害处肿大，表皮变色，其

上部枝叶和果穗枯萎，被害枝易被折断，使植株生长衰弱，果品产量和品质降低。寄主植物有葡萄和蛇葡萄。国内葡萄产区发生普遍，是一种重要的葡萄害虫（图11-39）。

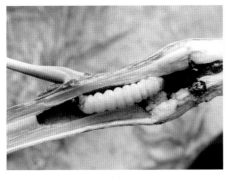 

幼虫 　　　　　　　　　　　　　　成虫

图11-39　葡萄透翅蛾

【发生规律】发生规律各地均1年1代，以老熟幼虫在被害枝蔓内越冬。翌春3～4月葡萄萌芽期开始化蛹，始蛾期大多与开花期相吻合，在南方地区成虫发生于5月中旬至7月上旬。成虫羽化高峰后1～2d即为产卵高峰，卵孵化后幼虫先蛀入嫩梢中为害，在7～8月多已转入1～3年生粗蔓中，至10月幼虫陆续老熟越冬。

【防治措施】①采用水盆诱捕器或黏胶诱捕器进行诱捕。②成虫羽化始期，用性诱剂诱捕器诱杀雄蛾，降低交配率，在虫口密度较低时效果显著。③秋末和休眠期，结合修剪彻底剪除有虫枯枝，集中烧毁。5～7月及时剪除初萎蔫的被害嫩梢。④树上喷药。5～6月成虫始盛期后10d左右，树冠喷药杀初孵幼虫和卵，需将药液喷到枝蔓上。可选用50%杀螟松乳剂或50%辛硫磷乳剂等药剂。

葡萄虎天牛　钻蛀葡萄枝蔓的害虫

【为害特点】主要为害一年生结果母枝，有时幼虫将枝横着咬断，枝条容易折断。成虫羽化后将卵产在新梢基部芽腋间或芽附近。幼虫孵化后，即蛀入新梢木质部内纵向为害，落叶后被害一年生枝呈黑色（图11-40）。

【发生规律】该虫每年发生1代，以幼虫在葡萄枝蔓内越冬。翌年5～6月

| 幼虫 | 成虫 |

图11-40　葡萄虎天牛

开始活动，继续在枝内为害，有时幼虫将枝横行啮切，使枝条折断。7月间幼虫老熟，在枝条的咬折处化蛹。8月羽化为成虫，将卵产于新梢基部芽腋间或芽的附近。幼虫孵化后，即蛀入新梢木质部内纵向为害，虫粪充满蛀道，不排出枝外。落叶后，被害处的表皮变为黑色，易于辨别。葡萄虎天牛以为害一年生结果母枝为主，有时也为害多年生枝蔓。

【防治措施】①剪除虫枝。冬季结合修剪，剪除节间变黑枝；生长季随时剪除枯萎枝，及时处理。②药杀成虫。虫量多时可于成虫发生期喷触杀剂。药剂种类参见葡萄透翅蛾。③涂药杀幼虫。秋季幼虫在浅皮下为害时，用杀螟松与二溴乙烷（1∶1）混合乳油的20～50倍液，局部点涂在节间变黑处。

葡萄根瘤蚜　为害葡萄根系的主要害虫

【为害特点】葡萄根瘤蚜是葡萄毁灭性的害虫，也是国际检疫害虫之一。主要以成虫和若虫刺吸葡萄叶片和根系的汁液，分叶瘿型和根瘤型两种形态。主要为害葡萄根部和叶片，依靠吸取葡萄植株内的汁液，在叶片背部形成囊状虫瘿，影响树体光合作用和养分输送，影响营养供应导致植株死亡。根瘤蚜从开始受害到葡萄植株死亡整个过程长达5～10年，果农一开始很难发现葡萄植株受害（图11-41至图11-43）。

【发生规律】在南方地区，以根瘤型蚜为主，每年发生8代，以初龄若蚜和少数卵在根叉缝隙处越冬。春季4月开始活动，先为害粗根，5月上旬开始

图 11-41　根瘤蚜为害葡萄根系

图 11-42　根瘤蚜若虫
（洪江市植保植检站 供图）

图 11-43　根瘤蚜危害叶片（张志涛 供图）

产卵繁殖，全年以5月中旬至6月和9月的蚜量最多，7～8月雨季时被害根腐烂，蚜量下降，并转移至表土层须根上造成新根瘤，7～10月有12%～35%成为有翅性蚜，但仅少数出土活动。叶瘿型蚜在美洲种群上发生少，但除美洲野生葡萄外，其他品种上的叶瘿型蚜均生长衰弱不能成活。

【防治措施】①严格检疫。定期进行疫情普查，以确定疫区和保护区；对疫区实行封锁，不从疫区调运各种栽植材料，对可疑者需将苗木、插条及包装材料进行灭虫处理，经检疫部门检验合格后方可调运。

②土壤处理。对已感染葡萄根瘤蚜的葡萄园，可选用以下药剂处理土壤：50%辛硫磷乳剂，每公顷7.5kg，加水30倍后与细土750kg拌和，撒施于树盘内并深锄覆土；六氯丁二烯，用药量21～25g/m²。均匀打孔6个，将药施入孔内后踏实。残效期可达3年以上，不仅在几年内土壤有吸附作用，且存在于根内；六氯环戊二烯，用药量25g/m²，施用方法与六氯丁二烯相同；二硫化碳，用药量36～72g/m²，于花前和采果后施，适宜土温为12～18℃，高于18℃会发生药害，在行间每平方米打孔9个，孔深15cm，但药孔距蔓茎不得近于25cm，否则易发生药害，每孔注药7～8mL，将孔踏实。③沙地建园和繁殖无蚜苗木，沙土地不适宜葡萄根瘤蚜生存，在疫区选沙地建园和繁殖苗木可抑制葡萄根瘤蚜的发生。选用抗蚜品种和以抗蚜品种作砧木可减轻受害，并应培育出适合当地种植的优质、高产、抗蚜新品种。

 注意事项

苗木灭虫处理

　　①热水处理。将苗木先浸于40℃热水中预热3～5min，立即浸入54℃热水中保持5min。②药液处理。苗木、插条每10～20枝一捆，在50%辛硫磷乳剂600～800倍液中浸蘸1min，阴干后包装；包装材料的处理方法相同。

（编者：周　俊）

葡萄主要害虫综合防治的基本原则

1. 从栽培措施方面进行防治

（1）繁殖材料的处理　由于许多害虫是通过苗木、接穗、砧木等繁殖材料进行远距离传播的，因此需要对调运的繁殖材料进行处理，常用的方法是药剂处理。

（2）清园　大多数害虫的越冬场所是葡萄园内的枯枝、落叶、老皮缝隙、土壤及杂草等，因此应在秋冬修剪时尽可能的清除园内的枯枝、落叶、剥除老皮，并集中烧毁。

（3）及早控制并消灭害虫　在葡萄生长期，应根据害虫的生活习性观察害虫的发生情况，并及时杀灭，减少虫源。

2. 生物防治和天敌的保护及应用
应尽量保护葡萄园内的天敌昆虫，及合理利用商用的天敌昆虫来防治害虫。还可利用可防治害虫的生物制剂及其应用技术来控制病虫害的发生。

3. 物理及化学方法防治
物理防治方法主要是利用害虫的趋光性、性诱剂、食物诱剂等方法来诱捕害虫。化学防治是现今葡萄生产者主要的防治措施，但是大量的化学杀虫剂的使用对葡萄园生态环境的破坏和污染是需要引起高度重视的，应根据葡萄生产中的实际情况，合理利用化学药剂来防治葡萄害虫。利用化学药剂进行害虫防治要根据害虫的生活习性、繁殖习性进行喷施，不能无目的、无节制的滥施药剂，既无效又破坏环境和污染环境。

葡萄园常用农药的配制和使用

1. 石硫合剂的熬制与使用　面积较大的葡萄园应在春节前熬制好石硫合剂。

（1）**材料**　石灰：硫黄：水=1.2：2：15。石灰要求是生石灰，颜色要白、纯，碎成鸡蛋大小，不要发散。硫黄要碾碎过筛的粉，硫黄需要量为新园每667m²用10.0～12.5kg、老园每667m²用20～25kg。

（2）**熬制方法**　先将50kg水倒入锅内（加水量根据锅的大小而定），用一根小棒垂直从锅底直立，在平水面处钉一个小钉或刻上记号，再加入25kg水。将水烧热（80℃左右）后，取出热水将硫黄粉调成糊状。待水将沸时把小石灰块投入锅内，并不断搅拌，水会立即沸腾，3～5分钟后，把调好的硫黄糊慢慢倒入锅内，不断搅拌。用大火烧，待水蒸发至50kg水面时（小木棒钉钉处）即可。冷却、过滤后盛入水泥池或陶缸中待用，切勿用金属容器。

（3）**施用时间**　第一次在3月上旬，第二次在芽眼萌动可见茸毛，透过茸毛可见青时。

（4）**使用方法**　用波美比重计测定原液浓度，兑水配制成5度后喷雾，选晴天上午10点至下午4点（温度10℃以上）。仔细周到喷洒枝蔓、水泥柱及地面。

注意事项

石硫合剂为强碱药剂，严禁与其他杀菌剂混用。使用前后应仔细清洗喷雾器及管道。展叶后严禁使用，否则会造成药害。

2. 波尔多液的配制与使用　波尔多液是葡萄园经常使用的预防保护性的无机杀菌剂，成品为天蓝色，微碱性悬浮液，一般现配现用。其黏着力强，较耐雨水冲刷，对预防葡萄黑痘病、霜霉病、白粉病、褐斑病等都有良好的效果。

（1）**材料与比例**　波尔多液中硫酸铜、石灰和水的比例，是按照葡萄不同时期对石灰和铜的敏感程度决定的。所谓半量式、等量式和多量式波尔多液，是指石灰与硫酸铜的比例。而配制浓度1%、0.8%、0.5%、0.4%等，是指硫酸铜的用量。例如施用0.5%浓度的半量式波尔多液即用石灰0.5份、硫酸铜1份、水200份配制。也就是0.5：1：200倍波尔多液。

（2）配制方法　大面积葡萄园一般要建配药池，配药池由两个大池组成，一个大池设在另一个大池的上方，并在其底部留有出水口与下面的大池相通。配药时，塞住上方大池的出水口，用2/3的水在上方池中稀释硫酸铜，用1/3的水在下方池中稀释石灰，二者分别搅匀之后，拔开塞孔，上方大池中的硫酸铜液流入下方大池的石灰乳中，不断搅拌，使二者混合均匀即成。此法配成的波尔多液质量好，胶体性能强，不易沉淀。要注意不能反倒，否则易发生沉淀。如果药剂配制量少，可用一个大缸，两个瓷盆或桶按上法配制即可。

（3）使用方法　一般采用石灰等量式，病害发生严重时，可采用石灰半量式以增强杀菌作用，对容易发生药害的品种则采用石灰倍量式或多量式。

　　必须选用洁白成块的生石灰，硫酸铜选用蓝色有光泽、结晶成块的优质品。

3. 科学使用农药

（1）选用适当的农药品种　根据不同作物不同病、虫、草害，正确选择所需农药品种，做到对症下药，避免耽误防治时机，给农业生产造成损失。

（2）适时用药　不同发育阶段的病、虫、草害对农药的抗药力不同，在虫害方面，一般三龄前幼虫抗药力弱；在病害方面，孢子萌发时抗药力减弱；在草害方面，在萌芽和初生阶段，对药剂较敏感。为此，必须根据调查和预测预报，达到防治指标时及时用药防治。

（3）严格掌握用药量　农药标签或说明书上的推荐用药量一般都是经过反复试验才确定下来的，使用中不能任意增减，以防造成作物药害或影响防治效果。

（4）喷药要均匀周到　现在使用的大多数内吸杀虫剂和杀菌剂，以向植株上部传导为主，很少向下传导。因此喷药时必须均匀周到，不重喷不漏喷，刮大风时不喷，以保证取得良好的防治效果。

（5）坚持轮换用药，延缓有害生物抗药性的产生 农药在使用过程中不可避免地会产生抗药性，在使用农药时必须强调合理轮换使用不同种类的农药以延缓抗药性的产生。

（6）合理复配混用农药 复配、混用农药时，必须遵循的原则：

①两种或两种以上农药混用后不能起化学变化。因为这种化学变化可能导致有效成分的分解失效，甚至可能会产生有害物质，造成危害。

②田间混用的农药物理性状应保持不变。两种农药混合后如果产生分层、絮状或沉淀、乳剂破坏、悬浮率降低甚至结晶析出等一律不能混用，因此，农药在混用前必须先做可混性试验。

③混用农药品种要求具有不同的作用方式和兼治不同的防治对象，以达到农药混用后扩大防治范围、增强防治效果的目的。

④混剂使用后，农副产品的农药残留量应低于单用药剂。

⑤农药混用应达到降低使用成本的目的。

4. 常用农药浓度的表示方法

（1）百分浓度（%） 用百分法表示有效成分的含量。如50%杀螟松乳油，表示有100份这种乳油中含有50份的有效成分。百分浓度又分为重量百分浓度与容量百分浓度两种。固体与固体之间或固体与液体之间，配药时常用重量百分浓度，液体之间常用容量百分浓度。

（2）百万分浓度（mg/kg） 指100万份药剂中含有多少份药剂的有效成分。如200mg/kg的九二〇溶液，表示100万份的这种溶液中含有200份的九二〇有效成分。

（3）倍数法 药液（或药粉）中稀释剂的用量为原药剂用量的多少倍，也就是说把药剂稀释多少倍的表示方法。如50%杀螟松乳油2 000倍液，即表示1kg50%杀螟松乳油应加水2 000kg。因此，倍数法一般不能直接反映出药剂的有效成分。稀释倍数越大，药液的浓度越小。

$$稀释后有效浓度（\%）=（商品农药有效浓度÷稀释倍数）×100$$

5. 稀释计算法 按有效成分的计算法：

$$原药剂浓度×原药剂重量＝稀释药液浓度×稀释药剂重量$$

以上公式若有3项已知，可求出任何一项来。

根据稀释倍数的计算法：

$$稀释药剂重量＝原药剂重量×稀释倍数$$

第 12 章
葡萄园自然灾害的防治

葡萄园的自然灾害多为农业气象灾害，约占75%，农业气象灾害包括低温（包括冷害、冻害、寒害、霜冻等）、干旱、暴雨、洪涝、台风、大风、冰雹、高温热害等，本章针对如下自然灾害提出防治措施。

一、寒害

1.**寒害对葡萄的影响**　低温危害根据出现季节可以分为冬季低温（极端低温）、春季低温（常为晚霜冻或倒春寒）和秋季低温（早霜冻）。根据危害方式可分为冷害、寒害、冻害（霜冻、冰冻、冻雨等）。

图12-1　葡萄寒害（刘永波 供图）

在我国南方，低温危害常为寒害，但极端低温、冰冻天气也时有发生（图12-1）。葡萄是较耐低温的果树种类，根系抗低温能力通常很差，大部分欧亚种葡萄的根系只耐$-4.5 \sim -4℃$低温，其细根在$-5℃$时即会冻死，美洲种葡萄能忍受$-6℃$左右的低温；而抗寒能力比较强的是山葡萄，其根系可抗$-16 \sim -14℃$，美洲种如贝达葡萄的根系可抗$-12 \sim -11℃$。植株其他各部位春季要防晚霜冻或倒春寒，嫩梢和幼叶在$-1℃$时即开始受冻，花序在$0℃$时受冻，开花期$1℃$时雌蕊受冻不能坐果，$-2℃$时幼果受冻脱落，可能使葡萄园绝产。秋季要防早霜冻，叶片和浆果在$-5 \sim -3℃$时受害。

2.**葡萄园防寒减损措施**

（1）南方地区应根据历年气象资料，避免在晚霜或倒春寒出现频繁的地方建葡萄园；选择抗寒砧木和抗寒品种。

（2）通过修剪等措施调整物候期。在休眠芽上涂抹生长抑制剂可适当推迟萌芽（因品种而异，可推迟$2 \sim 19d$），避开早春霜冻。

（3）调节温度，加强田间综合防护。包括灌溉法、喷雾法（分树冠上和树冠下喷雾）、风力机、加热熏烟法、防护林法、覆盖法、增强树体活力（包括喷施营养剂，如氮、磷、钾等）等措施；设施大棚或双膜覆盖的促早栽培，对低温有显著的抵御作用。

（4）对于已受低温危害的葡萄园，减少损失的主要措施有：

①对于枝蔓局部受冻者，剪去受冻部分，减轻负载，防止枝条旺长，以恢复树势为主；对于基部芽没有萌发者，抹除受冻芽和嫩梢，通过重修剪促进母枝基部主芽和副芽重新萌发，可挽救部分损失。

有条件的可喷涂含赤霉素500 ～ 1 000mg/kg和6-BA500 ～ 1 000mg/kg（加2%吐温）的混合液至母枝芽腋处，可促进基芽和副芽萌发。

②对于发芽迟、发芽不整齐者，及时补施速效肥料。每667m² 施尿素20kg或氮、磷、钾复合肥（N：P：K=15：15：15）20kg。土壤干旱时适度补水，以促使尽快恢复树势。

③全园尽快、尽早喷施杀菌药剂，预防病害发生。

二、雹灾

1.冰雹对葡萄的影响 冰雹对葡萄枝干、叶片、嫩梢、花、果都能造成严重破坏（图12-2）。春季处于新梢生长初期，遭灾后可部分恢复生长；夏秋葡萄生殖生长期葡萄园遭遇冰雹，叶碎枝折，花穗易被毁或受到损伤，果粒被划破，严重者颗粒无收，受害后基本无法挽救。设施栽培遇灾，棚膜尽毁，损失惨重。

葡萄园遇冰雹天气　　　　　　　　　　冰雹损害的葡萄枝条和果实

图12-2 葡萄受冰雹危害

2.葡萄园防雹减损措施 对待葡萄园雹灾的防御措施，主要从灾前预防和灾后恢复两方面入手。

（1）建园 尽量避免在冰雹频发地区建葡萄园。尽量采用抗雹能力强、恢复能力强的品种。经常出现冰雹的地区，建园时就应在架面上覆盖

图12-3 葡萄园防雹网

防雹网，既可防雹，又可防鸟害（图12-3）。

（2）及时发布和收听气象预报预警，通过人工驱散雹云，使大冰雹化解为小冰雹。

（3）在遭遇冰雹袭击后，应及时修剪清理架面上和地面受损的葡萄枝、叶、花、果，集中深埋或烧毁，之后用杀菌剂全园喷洒，减轻病菌引起的二次损害。

（4）遇特别严重的雹灾，在及时清理受损植株后，对花芽分化能力强的品种，可通过催发副芽或隐芽萌发，结二次果，减少当年损失。

三、水涝

1. **水涝对葡萄的影响** 在我国长江流域及东南沿海，每年6～8月是洪涝灾害频发期（图12-4）。此时，气温较高，多数葡萄树上挂着果穗，树体水分蒸腾量大，淹水对果实、树体危害较大。

葡萄受涝后老叶先失绿、发黄和凋落，严重时顶部嫩梢叶片焦枯，树体难以恢复，持续水淹可使整株死亡。

2. **葡萄园防涝减损措施** 涝害以预防为主，而发生水灾的葡萄园，则应及时做好防病救灾工作。

（1）选择耐湿耐水淹性强的葡萄品种作为砧木。

（2）选择水利工程完善地区建园，建园时重视排灌系统的合理布置，根据葡萄园大小、地势和历年降水情况等布置沟渠宽度与深度，保证排水通畅。低洼园需要建设好圩堤，防止倒灌。

（3）在降雨频繁的地区建园，应考虑采用高主干的栽培模式，防止大水淹没到果穗造成不可逆的损失。

（4）在受到洪涝灾害后，应立即做好排水工作，尽量安装水泵人工抽水外排，保证24h之内排尽园内积水。

（5）尽力做好清淤工作，最好趁黏附在葡萄枝、叶、果上的淤泥尚未干结前，用高压喷雾器喷水清除淤泥，恢复植株光合能力。

（6）进行全园药剂消毒，树上可喷布杀菌剂，地面撒施石灰。

（7）修整受损伤的葡萄植株，并根据灾情酌量疏果控产，以利恢复树势。

图12-4　葡萄园遭受涝害（刘永波 供图）

四、旱灾

1. 干旱对葡萄的影响　葡萄属较耐旱的果树，但葡萄正常生命活动也需要大量的水，水分不足，会使葡萄生长发育受阻，枝叶萎蔫，落花落果，直至枯死。

春季葡萄新梢生长旺盛，需水量较大，此时水分不足会使新梢生长缓慢。严重干旱时根系停止生长，最终导致植株萎蔫。葡萄花期或花后3周内严重缺水，可导致大量落果，甚至整穗干枯（图12-5）。在南方地区的一般年份春、夏季节雨水多，一般不影响葡萄的正常生长。在果实第一次膨大期，干旱会严重影响葡萄果实膨大及产量，而第二次膨大后期到转色期，过多水分却会对糖度积累有负面影响，南方地区常因水分过多而降低果实的含糖量。在南方地区的7月下旬至秋末冬初常出现干旱，影响植株正常生长。

2. 葡萄园防旱减损措施 在我国南方，春、夏季节雨水多，一般年份葡萄园在果实膨大至成熟期不缺水，但在转色到果实成熟常伴有高温危害（图12-6）。

图12-5 葡萄园遭受干旱　　　　图12-6 葡萄遭受高温热害（刘永波 供图）

（1）做好基础建设 通过兴修水利，做好基础建设，保证供水便利充足。必要时进行人工降雨作业等措施来减轻、防御干旱。

（2）合理灌溉 采用喷灌、滴灌等节水灌溉技术；根据葡萄生长周期需水规律，科学合理的灌水。

（3）采用抗性砧木 如选用冬葡萄和沙地葡萄杂交育成的140R、110R和1103P等抗旱性较强的品种。但在我国南方，主要还是首先考虑耐涝性的品种作为砧木。

图12-7 葡萄园生草栽培（刘昆玉 供图）

（4）园地生草或覆盖 葡萄园生草可以改善土壤持水能力，但要注意草种的选择和日常管理。园地覆盖材料最好是地膜或黑色地布，可阻止土壤水分蒸发，诱发土壤下层水分沿毛细管逐渐上移，供葡萄根系吸收（图12-7）。

（5）培养较大的根系和根冠比　根系深而发达、根冠比大使葡萄抗旱能力增强。根域限制栽培的葡萄，特别要注意水分的管理，防止干旱对植株造成不利影响。

（6）滴灌　当旱灾出现时，为维持葡萄最低限度的生命活动，应采取滴灌的方法向每株葡萄根部浇营养液。营养液的组成以氮、磷、钾、钙元素为主，加水配制成0.1%～0.3%溶液。

五、风灾

1. **大风对葡萄园的影响**　在气象预报中6级以上的风力即为大风，可以造成大量落叶和落果；8级以上的风力，即可造成折枝、塌架、倒树、毁园（图12-8）。

迅速生长的枝蔓和某些品种更容易受到大风的伤害。在春季和初夏，嫩芽生长快，大风对嫩梢的破坏最为常见；叶片损害可导致光合作用减少，进而影响果实质量；受风害后的枝条会下垂枯萎，随之叶片变黄或干枯。采用篱架或Y形架的葡萄园，枝蔓会被铁丝割伤或割断。

图12-8　大风过后的葡萄园（刘永波　供图）

即使不是大风，持续性的风因葡萄枝蔓被摩擦过而结痂影响生长；如果在开花过程中持续不断的风，也会影响葡萄受精和坐果，导致果实的产量和品质下降。

2. **葡萄园防风减损措施**　葡萄园防御大风的相应措施包括：

（1）建园前查阅当地多年的气象资料，禁止在6级以上风力的地区建立葡萄园。

图12-9　葡萄园建立防护林带

（2）在多风地区，建园时除了在葡萄园的迎风面营造防风林带外，栽培行向尽量考虑与常出现大风的风向平行。注意防风林不要过分靠近葡萄园，以防影响光照（图12-9）。

（3）面积较小的葡萄园，可在迎风面建立高架葡萄或临时性防风护栏（如作为挡板的纺织物或栅栏等），以抵挡大风，减少背风面葡萄损失。

（4）在多风地区，通过喷施抑制剂控制枝蔓生长，也可适当降低架面冠层，减少风害。

（5）葡萄园遭受风灾后的挽救措施

①大风过后，应及时清理树体残枝、残穗等，扶正架材和调整架面。

②对枝蔓上的新剪口、锯口及其他大伤口要及时涂抹铅油封闭，同时全园喷布广谱型的杀菌农药，如多菌灵、退菌特、甲基硫菌灵等，进行全园消毒防病。

③加强综合管理，适当追施肥水，压缩当年产量，增强树势，弥补风灾损失。

④在干热风出现时，可喷洒草木灰水、磷酸二氢钾、腐殖酸钠等化学药剂来减轻危害。

六、环境污染

1. **大气污染**　空气中的污染物对葡萄的生长发育有一定的危害。主要有害成分为：

（1）**二氧化硫（SO_2）**　当二氧化硫气体浓度达到2.2～3mg/kg时，葡萄叶片变褐，幼果龟裂。

（2）**氮素氧化物（NOx）**　其中二氧化氮（NO_2）的毒性比一氧化氮（NO）大75%～80%，通常二氧化氮浓度达到10～15mg/kg时，植株表现出与二氧化硫相类似的中毒症状，即叶片变褐，果实龟裂。

（3）**臭氧**　臭氧的毒性较强，当空气中臭氧浓度达到0.3mg/kg时葡萄叶片即中毒变红色，光合作用受阻，树体营养亏缺，产量和质量下降（图12-10）。

（4）**醛类物质**　醛类物质直接危及葡萄的枝、叶、果，受害植株首先表现为嫩芽枯死，嫩梢干缩，叶片出现黄斑，随着黄斑扩大，光

图12-10　臭氧危害后的葡萄叶片

合作用减退，最后植株衰弱，以至枯死。多出现在人造板、地板革等需大量使用黏合剂工厂附近的葡萄园，为此，应及早避免在这类工厂附近建葡萄园。

（5）**其他污染物**　如氟化氢（HF）、氯化氢（HCD）、煤尘、粉尘等，都是有毒污染物质，对葡萄均能发生毒害。

葡萄一旦遭受大气污染毒害，目前尚无"解药"，为了减少经济损失，必须谨慎选择地块建立葡萄园。

2. 水质污染　水质一旦被污染，将不适合人类饮用，同样也不能用于农业生产。应加大对滥施、滥用、滥排农药、化肥现象的整治，真正生产出消费者放心的果品。

3. 土壤污染　在葡萄园，常见的土壤污染包括铜离子污染和重金属污染。

当铜离子达200mg/kg时可导致葡萄减产，幼树停止生长，对此，避免长期使用铜制剂是主要解决途径。目前，在我国南方，土壤和水系都存在一定的重金属污染问题，如何保护美好的生态环境，需要相关部门共同努力，制定出具体、可行的实施防治方案。

4. 农药污染　葡萄园的农药污染主要为除草剂污染，目前遭受除草剂为害的葡萄园，除种植者自身施用，还有来自邻近农田使用的除草剂，以药液直接飘移为害（图12-11）。例如，凡是带有2,4-D苯酯成分的除草剂，对葡萄的杀伤力都比较强，只要少量蒸汽接触葡萄嫩芽、嫩叶即停止生长，嫩芽日渐干缩，嫩叶变形，叶脉平行，叶缘锯齿芒状，形似银杏叶，有时基部卷曲相连呈喇叭筒形，严重影响葡萄树的光合作用。如果施药时正遇葡萄开花期，将导致花蕾大量脱落，坐果寥寥无几。对于除草剂为害

图12-11　除草剂为害的葡萄叶片

葡萄园的有效防治办法，目前还很少：

（1）葡萄种植者要严格执行不使用含2,4-D成分的除草剂，从药源上进行控制。

（2）葡萄园区与农田间建立隔离带，或远离农田建园。

（3）一旦发生除草剂药害，在喷药4h之内进行喷布清水消除除草剂，24h之内喷布芸薹素内酯等进行解毒，有一定疗效。

（4）加强葡萄园田间土、肥、水管理，追施氮、磷、钾肥，最好追施生物有机复合肥，灌一次透水，增强树势。

（5）葡萄苗圃尽量不采用除草剂。提倡苗畦（垄）上采用黑色地膜覆盖，杂草在膜下发芽，长久见不到阳光就会自然枯萎，无需使用药剂，从而避免植株受害。

七、鸟、兽、鼠害

在葡萄产区鸟类啄食葡萄，以及因鸟害啄食引起葡萄果实病害蔓延所造成的产量损失巨大（图12-12）；而田鼠类在浆果成熟时成群结队由他地

鸟害始发阶段

严重受害

图12-12　被鸟危害的葡萄果实

迁移到葡萄园，爬上葡萄架咬食果实，咬断果穗；山区葡萄园遭受野猪侵害严重；此外，兔、鼠等啮齿动物还有取食葡萄树皮的嗜好，尤其在冬季取食困难的时候，啃树皮、咬断枝蔓现象时有发生。葡萄园防治鸟、兽、鼠害的方法主要有：

1. 鸟害 在鸟害比较严重地区，最好结合防雹，葡萄园全园覆网。雹害不严重的地区，结合避雨栽培，可在葡萄园周围设置防鸟网，避雨棚行间用网带连接封闭（图12-13）。对于大棚、温室等设施栽培，需要在进出口、通风口、换气孔上设置适当规格的铁丝网或尼龙网，防止鸟类的进入。

图12-13 葡萄园的防鸟网（白描 供图）

2. 兽害 在野兔、田鼠、野猪等为害比较严重地区新建葡萄园时，首先设置兽类进园的障碍物，阻止兽类进园。在栽苗时可用套筒护苗，

套筒采用方形或圆形的防水纸板筒，高40～50cm、直径10cm左右。定植后将苗木套在套筒内，在套筒的避护下，套筒内形成潮润无风的小气候，既保护枝芽萌发，又防止野兔、田鼠、野猪等啃食幼苗（图12-14）。露地栽培的葡萄园，可以设置猫头鹰庇护盒，也可以防止野兔、鼠害。

图12-14 防兽害葡萄园套筒护苗

（编者：白 描）

第 13 章

葡萄采收与采后处理

　　葡萄果实因色、香味俱佳，并富含糖、维生素、蛋白质、有机酸和矿物质等营养物质而深受人们的青睐，但由于我国葡萄在采收与采后贮运过程中有20%以上的葡萄因腐烂、落粒、失水、褐变等问题而导致损失，极大的阻碍了葡萄产业的稳步发展。为此，须采用正确的采收与采后处理方法，以避免在采收、贮运过程中造成损失。

一、果实采收

　　1. 浆果成熟度的标准　葡萄浆果当其形态、大小、颜色、香气、风味等方面的品种固有特性得以充分表现时即为成熟。浆果形状、大小基本定形；有色品种由绿色变成红色、紫红色、玫瑰红色、紫黑色、黑色、蓝色等（图13-1），而无色品种则由绿色变成浅绿色或绿乳白色、浅黄色、黄色等；种子由白变褐、变硬（图13-2）；浆果内质也发生了许多化学变化，如甜味增加、酸度降低、香气变浓、肉质变软、涩味消除等，标志着葡萄浆果已经达到生理成熟，可准备采收。

图13-1　不同颜色葡萄品种成熟期着色状况（陈文婷　供图）

图13-2　葡萄成熟种子与果肉

2. **采收期确定** 当葡萄浆果完全成熟以后,可根据不同用途确定采收日期。南方地区大都用于鲜食、酿酒、制汁等。依其用途采收,如鲜食葡萄远距离运输宜在浆果七八成熟时采收,为了提早供应市场可在保证其充分成熟的前提下适当早采;作为酿酒、制汁等加工用则需待浆果完全成熟,达到应有的色、香、味时方可采收。葡萄的同一品种在同一地块、同一株树上的果实成熟度也不一致,一般均需分期分批采收,即成熟一批采收一批,以增进品质和减少损失。

葡萄采收须在露水干后的早晨或下午3时后气温凉爽时进行;不宜在雾天、雨天、烈日暴晒时采收;雨天要推迟采收时间,以防降低果实品质与耐贮性。

3. **采收前的准备**

(1) **施磷、钾肥** 采收前1个月用0.2%磷酸二氢钾或0.2%硫酸钾溶液进行叶面喷施,一般连喷2次,以提高浆果品质,增强耐贮性。

(2) **严格控水** 为了保证葡萄品质,提高耐贮性,要求在采收前1个月内严格控制灌水,大雨来临前要特别注意做好排水防涝工作。

(3) **裂果防治** 果实膨大期可采取在畦面铺草、覆膜等措施来保持土壤水分均衡供应,能有效减轻裂果。

(4) **病害防治** 在果实着色时,应及时预防病害发生,在采收前30d左右禁止喷洒农药。加工用具和包装物等要严格灭菌,保持清洁卫生,避免二次污染造成损失。

4. **采收技术** 采收时一手握采果剪,一手托起果穗,贴近结果枝处剪下(图13-3),要尽量留有较长的主穗梗;采收过程中做到轻拿轻放,尽量避免碰伤果穗和抹掉浆果表面的果粉;采后剪除、整理果穗上的破损果、日灼果、病虫果、小青果、畸形果、夹叶及过长穗尖。

图13-3 葡萄采收姿势

5. **注意事项**

(1) 葡萄果实含水量多、皮薄,故在采收时要轻放、浅装,不碰掉果粒,保护果皮、果粉,避免机械损伤,减少病原菌侵入。

（2）对鲜食品种，应分期分批采收，以保证果实品质及入库后快速降温。

（3）巨峰等品种果刷短、易掉粒，应避免倒箱。

（4）葡萄不耐贮运，因此对采收、装运、分选、包装、营销等各个环节要迅速，尽量不过夜，以保持葡萄新鲜度和商品性。

（5）采摘时用的容器不宜过大、过深，采摘前在篮子或筐中放布、纸或其他的柔软物品，以防葡萄划伤。及时将采摘的葡萄运到包装场地。

（6）在加工挑选、包装、装御、运输、码垛等各个操作环节中，须严格按照要求轻拿轻放，尽量避免磕碰、挤压、摩擦、震动等造成伤害，要特别注意保护果面的蜡质层与果粉，以增强果实的耐贮性。

二、果实分级与包装

1. 果实分级　严格按照不同品种的分级标准进行分级，着色深的和着色浅的分开，大小粒不均匀的按小粒定级，着色不良的按等外级处理，严禁混级和以次充好。根据葡萄的品种、色泽、成熟时间等项目先分出几大类，之后对同一品种依其果穗形状、重量、着色程度、果粒紧密度、果实风味等分出一、二、三级，要求同一级别的每一果穗的果粒数基本相等，果穗形状、重量相同，着色均匀，内含物差别小，按级定价。

（1）一级品　果穗较大而完整无损，果粒大小一致，疏密均匀，呈现品种固有的纯正色泽，着色均匀（图13-4）。

一级果　　　　　　　　　　　　　二级果

图13-4　巨峰葡萄着色对比

（2）二级品　果穗和果粒大小基本趋于均匀，着色比一级果稍差，但无破损果粒。

（3）等外品　余下的果穗为不合格果，可降价销售。

2．果穗包装　可由包装人员在田间边采摘、整形、分级，边包装、装箱；也可在棚内进行质检、分选、整形、称重、包装，之后运输或冷藏。货架包装是葡萄上架前进行的小的精细包装（图13-5，图13-6）。常用在硬塑料托盘上盖透明有机塑料的复合包装。包装托盘上需注明品种、产地、重量、保质期和注册商标等。为延长葡萄的货架期，可在货架包装前采用二氧化硫防腐处理，但需严格按照国家有关卫生标准，不得超标。

图13-5　葡萄单穗包装上市（陈文婷 供图）

单穗纸袋单层盒装

单穗薄膜单层盒装

图13-6　鲜食葡萄不同包装

国内市场根据运输远近、市场档次、品种档次的不同，大致可分成如下包装类型：

（1）远距离运输、高级商场、高档品种　一般采取透气、无毒、有保鲜剂的塑料薄膜或蜡纸先将单穗包装，再装入硬纸盒（图13-7）中，每盒按1 000g、2 000g、2 500g分装，之后装入具有气孔的10kg或20kg扁木板箱中，规格分别为（长×宽×高）50cm×30cm×15cm和50cm×40cm×25cm

图13-7 盒装葡萄上市

或采用容量5kg的方形硬纸板箱（25cm×25cm×25cm）、6kg的扁硬纸板箱（46cm×31cm×12cm），内衬透气、无毒、有保鲜剂的塑料薄膜。

（2）运输较远、批发市场、中高档品种 一般采用内衬透气、无毒、有保鲜剂的塑料薄膜的竹、木箱或塑料周转箱，每箱装葡萄20kg。

（3）运输较近、批发市场、中低档品种 一般选用硬纸板箱或竹、木条箱，内衬包装纸或干稻草，容量20～30kg。

三、果实贮藏保鲜

1. 影响果实贮藏保鲜的因素

（1）地域与气象 在我国长江以南地区，葡萄在成熟前1个月降水量大且不均衡，增加了葡萄病害的发生概率，严重影响浆果的产量、品质与耐贮性。此时宜采用避雨栽培，在每行葡萄之间覆盖薄膜，以减少病害，提高产量与品质。

（2）品种 晚熟、极晚熟品种的果肉较硬脆，果皮较厚，果刷较长，浆果高糖、高酸，果梗木质化好，如龙眼、秋黑、意大利等；低糖、低酸品种不能耐受二氧化硫型保鲜剂，贮藏难度加大，如红地球、红意大利、瑞比尔等；易干梗品种，如巨峰、无核白等，贮藏效果欠佳。

（3）栽培管理 高氮肥、高产量的葡萄品种不耐贮藏，表现为成熟期推后，上色不良，果穗着生节位以上部位的枝条发育不成熟，主穗轴脆绿，果穗下部果粒呈现"水罐""软尖"和"皱缩"，折光仪测浆果可溶性固形物含量低于16%；超量、多次或较迟使用乙烯利等催熟剂与膨大剂的葡萄，果粒易落粒，果梗硬化，果蒂变大；采前灌水、涝害、排水不畅，浆果成熟期因有新叶与新芽萌发而影响葡萄的成熟度；灰霉病、霜霉病、炭疽病、白腐病等贮藏病害较重时，果穗梗上有灰霉病的"鼠毛状"霉菌，果梗干或果面腐烂。

（4）包装运输 应在树上整理果穗或边采边整理果穗，贮藏葡萄必须一次性田间装箱，禁止二次装箱；保鲜运输葡萄允许在选果场分级装箱，单层、单穗包装宜装满、装紧或加衬垫物；无论运输距离长短，均应先进入预冷库预冷，以减少霉烂损失；装车时要防止摇摆与颠簸，防止挤压；中长途运输应实施冷链运输，短途运输可选择常温运输。

2.贮藏方式

（1）冷库贮藏

①灭菌防病，浆果入库前库房（图13-8）要严格消毒灭菌，入库后要放保鲜片灭菌。

②葡萄贮藏前3d即可开机降温，使库房温度稳定在−1～0℃，预冷处理好的葡萄按要求准备装箱，装箱时葡萄要排列整齐，主穗梗朝上，穗尖朝下，单层斜放，每箱重量需一致，均匀投放防腐药剂，装妥后扎紧塑料袋口，盖上箱盖，放置货架上密封贮藏。

③根据包装容器的不同将其合理的排列在货架（图13-9）上，按品种及入库时间不同分等级码箱，以每立方米不超过200kg的贮藏密度排列。

④为确保库内空气新鲜，要利用夜间或早上低温时进行通风换气（敞开所有通风口，开动排风机械），但要严防库内温、湿度波动过大。

⑤定期检查葡萄贮藏期间病害的发生情况。在整个冷藏期间要保持库温稳定，波动幅度不得超过±1℃。浆果初入库时，库温4～5℃进行预冷，然后逐渐降至0℃，以后保持在−1～2℃，通过制冷量来调整。

微孔板吊顶单机单蒸发器冷却

单机单蒸发器冷却

图13-8 不同冷却装置（张平 供图）

⑥ 控制湿度。冷库贮藏葡萄的空气相对湿度控制在90%～95%，在库内置放干湿度计自动记录湿度，当湿度不足时应在地面洒水补湿。

⑦ 浆果初入库时，呼吸作用强烈，产生的二氧化碳和乙烯等气体较多，需在夜间打开气窗及时排除。待库温稳定在-1～2℃时，可适当降低氧气并提高二氧化碳的浓度，以削弱果实呼吸作用，减少葡萄养分内耗，保持果品品质，延缓衰老，延长保鲜贮藏期。

⑧ 果实出库。从冷库中取出的果实，遇高温后果面会立即凝结水珠，果皮颜色发暗，果肉硬度迅速下降，极易变质腐烂，因此，当冷库内外温差较大时，出库的果实应先移至缓冲间，在稍高温度下锻炼一段时间，待果温逐渐升高后再出库，以防果品因温度突变而变质。

图13-9　冷库贮藏的葡萄货架（张平 供图）

（2）气调贮藏　气调贮藏是利用配有制冷设备和气调装置的密闭库，通过调节库内温度、湿度及O_2和CO_2含量，排出有害气体，将葡萄呼吸强度降到最低，延长保鲜期的一种贮藏方法（图13-10、图13-11）。目前，气调贮藏技术主要分为气体调节和气体控制两类。气体调节是指利用保鲜膜包装果实，膜内形成适宜的气体成分以达到果实保鲜的目的；气体控制主要是调节贮藏环境中气体成分的组成，在高CO_2和低O_2浓度的贮藏环境下，保持果肉组织细胞膜的稳定性，抑制乙烯的生成，维持果肉的硬度，降低果实的呼吸强度、多酚氧化酶（PPO）、纤维素酶（CAS）和过氧化物酶（POD）的活性，以延长葡萄贮藏保鲜期。

适宜葡萄贮藏的气体成分是二氧化碳浓度3%、氧气3%～5%，但不同的葡萄品种所需的气体成分会有所不同。采收后的葡萄果穗装入木制标准箱内后置于温度为0℃、空气相对湿度90%的冷藏库中，在气调贮藏条件下一般可以贮藏6～7个月。

图13-10　葡萄气调贮藏（张平 供图）

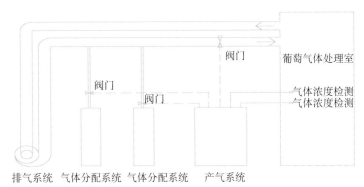

图13-11　葡萄气调处理系统示意（张平 供图）

3. 其他贮藏方法

（1）臭氧保鲜　臭氧具有杀菌作用，用于果实贮藏保鲜，可以降低果实的腐烂率，减缓果实硬度下降，延缓果实成熟与衰老。

（2）辐射处理保鲜　通过照射诱导果实，不但能降低果实的呼吸速率，消除贮藏环境中的乙烯气体，杀死病菌，还能提高果实自身抗病性，减轻采后腐烂损失，延缓果实的成熟与衰老，延长其贮藏保鲜期。

（3）二氧化氯杀菌剂保鲜　固体ClO_2保鲜剂通过释放ClO_2气体达到杀菌保鲜的目的，ClO_2保鲜剂的保鲜效果在国际上得到一致肯定，被认定为安全、高效、环保的新一代食品保鲜剂。

（4）植物生长调节剂贮藏　此方法可明显降低果实的失重率和腐烂率。如采前用浓度为20mg/L的6-BA处理，可以大大减少采后贮藏过程中果实腐烂和落粒现象的发生，进而保持了葡萄较高的贮藏品质。

(5) **生物保鲜法** 壳聚糖属于多糖，葡萄果实采后涂抹能明显抑制其呼吸强度的升高和可溶性固形物、可滴定酸含量的下降，减少蒸发失水，保持果实新鲜度，防腐抑菌。

(6) **生物防腐剂保鲜** 纳他霉素属于抗真菌剂，可抑制酵母菌和霉菌，对人体健康无害，已被国际公认并将其用于食品的贮藏保鲜中，以保持贮藏品质，延长保鲜期。

(编者：陈文婷)

第 14 章
阳光玫瑰葡萄优质高效栽培

一、品种来源

阳光玫瑰，又名夏依马斯卡特、耀眼玫瑰。由日本果树实验场安芸津葡萄、柿研究部育成，亲本为安艺津21×白南，欧美杂交种。2006年在日本通过品种审定并登记，2008年引入我国，2009年引入湖南，2012年在湖南澧县开始规模种植（图14-1）。

图14-1 阳光玫瑰（王先荣 供图）

二、品种特性

1.**品种生物学特性** 阳光玫瑰的自根苗生长势中等，适宜的砧木嫁接苗树势旺，根系发达，移栽苗前期生长势弱，抗性差，忌涝，根系不宜直接接触底肥，否则易发生肥害。适宜在土壤肥沃、有机质含量高的土壤中栽培（图14-2）。该品种嫩梢绿色、无茸毛；新梢顶端叶多为浅白色，带茸毛，新梢成熟后为黄褐色，节间中等长；叶片大，有光泽，中等厚，扇形、5裂，裂痕中等，叶缘锯齿大，表面有明显的皱褶，叶背茸毛多。

该品种需要旺梢才能形成良好的花芽（图14-3），能形成花芽的枝条直径需1.0～1.5cm为宜，弱树弱枝难以形成花芽，适宜短梢修剪，分化不好的花序上易长出新枝，这种现象是该品种花序的显著特征。花为两性花，自然栽培在中等树势的前提下坐果率较高，平均穗重300～500g，单粒重6～8g，每粒果含种子2～3粒，果粉厚，果肉较软，可溶性固形物含量高达20%以上，有浓郁的玫瑰香味，但果实商品性不高，经济效益不佳。但该品种经无核化栽培后果穗可达700～1 500g，单粒重12～14g，最大粒重达20g以上，可溶性固形物含量达18%～26%，果皮薄，果肉硬脆，具有浓郁的香味，品质极佳。

图14-2　阳光玫瑰当年定植生长情况
（王先荣　供图）

图14-3　阳光玫瑰花芽分化状况
（王先荣　供图）

2. 品种评价

（1）品种优点　该品种喜高温，耐湿、耐肥，根系发达，生长势中等，抗病性强，适宜无核化栽培，无核果粒大（图14-4、图14-5），不易裂果，香味浓，果肉硬、脆，品质优，耐贮运；留树时间超长，不易退糖、软果，可延迟采收。其无核果市场售价高，深受消费者喜爱，是一个非常优秀的葡萄新品种，优质栽培具有广阔的发展前景。

图14-4　阳光玫瑰无核果结果状
（王先荣　供图）

无核果横、剖面和纵剖面

无核精品果

图14-5　阳光玫瑰无核果（晁无疾　供图）

（2）品种缺点

①对土壤要求高。该品种适宜在肥沃的土壤栽培（图14-6），生产优质果对土壤有机质条件要求高，土壤有机质含量最低需达到3%，最好能达到8%，否则植株易出现缺素症，果实糖度不均，无香气或香味差。

②新栽苗管理难。该品种新栽苗怕渍水，特别是根系怕未腐熟的有机肥，易出现肥害，长势不一致现象（图14-7），春季低温易出现缺铁等缺素症，新栽苗的培管较一般品种难。

图14-6　阳光玫瑰葡萄园翻耕 后肥沃土壤
（王先荣　供图）

图14-7　阳光玫瑰苗木长势不一致（王先荣　供图）

③病毒植株多。该品种植株带病毒，贝达砧嫁接苗尤为严重，在春季低温、营养水平低、管理粗放的葡萄园中病毒病非常严重。目前，在我国的阳光玫瑰栽培园中，大都有感染不同程度病毒病的植株。感染严重的植株所结果实无甜味和香气，为无味果，没有商品价值；造成减产、减收，甚至绝收、毁园。

④对肥水要求高。阳光玫瑰需肥量特大，需大肥大水栽培。定植成活后，特别是5～6月，生长高度达1m后需加强肥水管理。第一年结果果园在开花前必须培养强旺树势，加强肥水管理，否则，易出现严重的缺素症、僵苗和果实大小粒现象。多年结果的果园也需培养强旺树势才能生产出优质大粒果实。高温季节需要控制好土壤湿度，否则，易出现果锈、叶片病毒病、树势衰弱甚至死树的现象。

⑤果实成熟期不一致（图14-8）。目前就我国栽培的阳光玫瑰，易发

生果穗上、下部果粒糖度不均现象，一般果穗上、下部果粒糖度差在3～5
白利度，最高可达8白利度；有时同一果穗上还出现上部果粒颜色偏黄、
下部偏绿的色泽差异，严重影响果实的商品性。

⑥果实果锈问题。该品种如有树势弱，副梢叶片遮光不均、果穗受光
不一致，保果剂、膨果剂选用不当，采收不及时等问题时，果实均易出现
果锈（图14-9）问题，特别是弱树尤为严重。

图14-8　阳光玫瑰不同果穗
成熟期不一致
（王世平 供图）

图14-9　阳光玫瑰果面有果锈
（张晓峰 供图）

左边果穗保果太晚　右边果穗适时保果

图14-10　阳光玫瑰不同时期保花保果
的效果比较（王先荣 供图）

⑦保花保果问题。该品种适宜无核
化栽培，在无核化栽培的前提下，需要进
行保花保果和膨果处理。在采用无核化栽
培时，保果最好在满花后48h内及时完成
（图14-10），过早易出现大小粒、僵果、空
心果（图14-11），过晚易出现严重的落果
和有核果。

⑧日灼、气灼问题。该品种无核化保果和膨大处理后，在强日照和肥水管理不当的条件下较易出现严重的果实日灼病、气灼病（图14-12、图14-13），严重者在50%以上。

图14-11　阳光玫瑰膨大处理时调节剂配比不当形成空心果（晁无疾 供图）

图14-12　阳光玫瑰日灼病（王先荣 供图）

图14-13　阳光玫瑰气灼病（张晓峰 供图）

⑨病虫害问题。该品种植株带病毒，栽培管理不当易出现严重的病毒病（图14-14）或是缺素症等生理性病害。该品种叶片、花穗、果穗抗灰霉病的能力差，特别是在果实膨大期，在高温条件下叶片、果穗易感染灰霉病（图14-15），果实封穗期、套袋前后依然易感灰霉病，这是在南方

图14-14　阳光玫瑰病毒病（王先荣 供图）

图14-15　阳光玫瑰叶片灰霉病（王先荣 供图）

地区葡萄品种中很少出现的病害情况。果穗还易感染炭疽病。该品种在花前、花后易出现蚜虫危害。湖南澧县于花前、花后遇高温易出现严重的红蜘蛛危害。

⑩果实成熟需时长。该品种具有果穗上部果粒先成熟的特点，需等果穗上部果实成熟后下部的果实才成熟，产量低的一般需20d左右，产量高的一般需30d左右。

三、栽培现状

阳光玫瑰自2008年引入我国后，经多方探索研究，已经摸索出了一些成功的经验。2012年湖南农康葡萄专业合作社在原澧县张公庙镇投资4 000多万元，建设了我国首个规模在6.67hm^{2}以上的阳光玫瑰葡萄园（图14-16）。同时，在浙江、江苏、云南、四川、陕西等省份也相继建立了多个精品阳光玫瑰葡萄栽培示范园，一些阳光玫瑰种植基地和种植户由于精心管理，采用标准化栽培技术，种植水平极高，生产出了优质的阳光玫瑰葡萄，果实售价每500g达几十元、甚至上百元，均取得了较好的经济效益。到2019年，湖南澧县已种植阳光玫瑰葡萄666.67hm^2，仅澧县官垸镇就发展了466.67hm^2，当地葡农种植阳光玫瑰葡萄每667m^{2}的经济效益均在6万～7万元，目前，湖南澧县已是全国阳光玫瑰葡萄种植规模最大的地区之一。

图14-16 湖南农康葡萄专业合作社现代葡萄产业园
（王先荣 供图）

　　由于阳光玫瑰果实色、香、味俱佳，深得消费者的青睐。2014年以后，消费市场供不应求，到2016年，我国阳光玫瑰发展近乎疯狂。2017年冬，全国阳光玫瑰苗木紧俏，市场脱销；阳光玫瑰冬剪下来的大量枝条被葡萄苗木繁育基地收购一空。据不完全统计，2018年全国繁育的阳光玫瑰苗木数以千万计，然而在2018年冬，阳光玫瑰葡萄苗木依然奇缺。在2018年，全国从南到北、由东到西出现大量的夏黑无核、户太8号、红地球等品种的结果园砍后嫁接阳光玫瑰的现象。目前，全国阳光玫瑰葡萄的种植面积尚未见有官方统计数据报道。

　　由于阳光玫瑰品种引进的时间不长，对其品种特性的了解不深，配套的优质高效栽培技术仍然在探索研究中，加之发展速度过快，技术普及滞后，全国栽培水平差距很大。笔者近年先后考察了湖南、四川、湖北、河南、河北、陕西、安徽、江苏、山东等地的阳光玫瑰种植基地和种植户，发现存在不少问题。如有些没有进行无核化处理的阳光玫瑰，其果粒重仅为6～8g，无商品价值，果实卖不出去；有些在夏黑无核、红地球、户太8号结果树上嫁接阳光玫瑰的，病毒病、缺素症严重，生长势极弱；有些土壤施基肥不足，有机质含量低，肥水管理不当，树势弱，果实大小粒现象严重且布满果锈；有些无核化处理不当，造成果梗粗、落粒严重，出现僵果、空心果、畸形果等；有些栽培架式选择不当，整形修剪不到位，葡萄园渍水、空气湿度大，造成果实严重日灼、气灼；有些露地种植的阳光玫瑰，果实炭疽病感染严重，造成果实腐烂等。

　　纵观2018年全国阳光玫瑰葡萄产销现状，总体上分析，2018年全国仍有30%的阳光玫瑰种植基地和种植户没有经济效益，50%的种植基地和种植户经济效益一般，20%的标准化优质阳光玫瑰栽培园经济效

图14-17　标准化优质阳光玫瑰栽培园
（白先进 供图）

益较好（图14-17），整体的种植水平较2017年之前已有较大的提升。

四、建园

1. 规划内容　大规模建园前应请专业机构进行项目可行性研究和论证，并出具可行性研究报告或论证报告，特别是所址建园的土地性质，是否为基本农田，是否符合国家耕地保护的用地政策，周边是否有配套的冷库、分级包装车间、水肥一体化机房、办公场所、仓库等配套建设用地（图14-18）。小规模建园应请专业机构或人士进行规划设计。总体规划方案是在所在乡镇、村同意的前提下，报县级政府、国土、农业、环保、水利、规划、发改委等相关部门备案或审批。

图14-18　韶山市80hm²阳光玫瑰建园用地规划实景（王先荣　供图）

（1）经营模式规划　阳光玫瑰葡萄种植对土壤、环境要求较高，对技术要求更高，且投入大、劳动用工多、管理难度大，为此，应按工业化的经营理念进行规范化管理、标准化栽培、流程化作业，生产精品果，进行品牌化营销的策略，方能获得较好的经济利益。规范建园（7hm²以上）应从建园定位、管理方式、种植模式、盈利模式等方面进行经营模式设计。目前比较成功的模式有农超合作种植模式、农民合作社种植模式、公司化种植模式、家庭农场种植模式、三产融合模式、采摘体验模式等。

（2）规划方案　根据建园规模和经营模式、项目定位等方面进行建园规划，并进行科学论证和投资预算。

①农超合作种植模式除必需的生产设施和配套仓库外，应注重分级包装车间和冷库建设。

②农民合作社种植模式主要是注重农资产品配送设施、技术培训服务

设施、产品质量检测室、分级包装车间、冷库等方面的规划。

③公司化种植模式应根据规模配套办公场所、仓库、冷库等方面的规划。

④三产融合模式应注重生产方面的配套设施，功能区规划、观光旅游规划（即体验休闲设施）、加工区规划等。

⑤家庭农场种植模式应注重投入经济性，尽量减少不必要的投资，本着一切从简的基本思想。

⑥采摘体验模式应注重园区道路、体验休闲等特色化、个性化方面的规划。

总之，大规模建园规划生产方面要充分考虑园区排灌沟渠、种植园区道路（图14-19）、配套建筑设施、功能区规划、机械化配套（图14-20）、信息化与智能化管理等方面的规划。

图14-19　阳光玫瑰园大棚内便于机械　　图14-20　阳光玫瑰大棚内机械作业
　　　　　作业的走道（陈湘云　供图）　　　　　　　　（陈湘云　供图）

（3）种植模式规划　根据项目定位、计划投资、阳光玫瑰葡萄品种特性、经营管理水平、经营管理团队的专业技术水平、当地劳动力状况、种植项目等进行种植模式规划设计。阳光玫瑰葡萄需要采用避雨栽培。

规模建园可分为连栋钢架大棚双膜覆盖模式占30%左右、连栋钢架大棚单膜覆盖模式占30%左右、简易避雨棚占40%左右；或连栋钢架大棚单膜覆盖模式占50%左右、简易避雨棚占50%左右（图14-21）。这样的模式一是可以常年聘用劳动工，雨天可在大棚作业、晴天可在简易避雨棚作业，不受天气影响，稳定劳动用工；二是将用工季节错开，减少集中劳动用工，以更好地发挥熟练工的作用；三是延长销售期，减轻集中成熟销售的压力；四是连栋钢架大棚适于套种间作草莓、蔬菜等，能够提高经济效益，防范经营风险。

　　小规模建园可采用简易避雨棚
或连栋钢架大棚。

　　由于阳光玫瑰葡萄需旺树栽
培，且对土壤、肥水要求较高，冬
季修剪又适应短梢修剪，种植密度
大时，很容易树势过旺、枝条徒长，
使树体的生殖生长与营养生长不平
衡，对花芽分化、开花坐果不利，
对果实品质影响较大。新梢与副梢

图14-21　石雪晖教授在澧县指导阳光玫
瑰生产（王先荣　供图）

生长过旺对日常生产管理的难度也加大。因此，为保证建园早期的经济效
益，在规划建园时，应规划设计临时株、永久株。架式设计应根据销售市
场、生产管理水平、劳动力状况、经济条件等各方面的因素，综合进行规
划设计。

　　①简易避雨棚（图14-22）。搭建避雨棚可有效降低病害的发生，减少
用药，生产健康优质的果实。搭建
避雨棚的主要参数如下：立柱顶端
往下5cm处打孔，南北拉顶丝，并
将顶丝固定在每根立柱顶端；距立
柱顶端向下40cm处东西方向拉横
丝，用较粗的钢绞线将东西方向每
一根立柱连接，两头固定在60cm深
的地锚上；果园两头的横丝粗（10
号钢绞丝），中间可稍细些（6号或
7号钢绞丝）；以两头横丝与立柱交
点向两边各量取1.1m南北向拉避雨
棚的边丝，并与相交的每道横丝固
定；拱片用楠竹片或压制成型的空
心铁管，长为2.5m，每隔0.6m一
片，竹片中点固定在顶丝上，两边
与边丝固定。一般于萌芽前即可覆
膜，薄膜宜选用透光好的无滴膜，

图14-22　简易避雨棚（陈湘云　供图）

图14-23　单栋塑料大棚（陈湘云　供图）

最好一年一换，采果后便可揭去薄膜。

②单栋塑料大棚（图14-23）。一般棚长30m，宽6m，肩高1.8m，顶高3m，门宽1.8m。棚内操作方便，有利于小型机械化作业。

③连栋塑料温室（图14-24）。总体结构简单，安装方便，但一次性投资较大。每栋大棚跨度为6～8m，长度和栋数可根据土地大小决定，肩高2.5～3.5m，顶高4～5m，门宽1.8～2.4m。其主要特点是节省土地，观赏性强，便于机械化操作，通风、抗风。

图14-24　湖南农康现代葡萄产业园连栋温室（王先荣 供图）

同时也应考虑利用连栋钢架大棚的立柱作为葡萄设架立柱，这样不仅节省成本，更利于机械化作业及间作套种。规划设计时应充分考虑当地的极限大风、极限降水量、极限雪负载、极限高温等方面的因素。

上述规划设计具有较强的抗市场风险、自然风险的能力。无论规划什么样的种植模式，一定要尽可能规划匹配农业机械，特别是开沟埋肥的拖拉机、松土除草的旋耕机、施肥灌水的水肥一体化管道系统，尽可能减少劳动用工，降低劳动强度，提高劳动效率，减少生产成本，提高种植效益，防范经营风险。

（4）土地平整规划　在南方山丘岗地建园，落差较大的地块，首先应进行土地平整，一是根据地形地势进行顺势平整，不要求水平，均匀顺势即可；二是根据单体棚的规格和株行距在考虑园区道路和排灌系统的前提下，进行垂直落差平整。同时考虑开挖排灌沟渠、园区道路基础的土方量，进行总体土方工程施工设计。

（5）道路规划　道路规划应根据周边公路、园区所在地的乡村道路、田间机耕道、地块朝向、建园规模、机械设备、园区定位等方面确定园区的道路规划。一般7hm²以上的园区道路应规划主路宽3～5m、支路宽2～3m为宜。综合考虑进出仓库、办公场所、冷库、分级包装车间、水肥一体化机房等配套建筑设施的作业通道和匹配的机械设备的作业通道。

　　道路规划应根据葡萄园面积确定。当单行葡萄较长时，田间喷药等作业不方便，工作人员有疲劳感，每行长度以100m以内较为适宜。当园地面积较大时，应设置大、小两级路面。大路位置要适中，贯穿全园，与园外相通，主要考虑的是要方便果品运输；小路是每个小区的分界线，是作业及运输通道，方便管理，主要应考虑到喷药及耕作等机械的田间操作。棚内道路为4m，以方便机械在行间转弯作业。

　　道路规划应兼顾到每行种植葡萄的株距，而株距的确定，应结合两立杆间隔距离而进行，为了兼顾果园的外观效果，每行栽植的株数应为两立杆间距离的整数倍。这样，立杆在田间才会整齐一致，可保证南北、东西、斜向都在一条直线上，给人一种美的感受。

　　（6）排灌沟渠规划　排灌系统设计应与路沟相结合，排水沟的路沟应低于行间（图14-25），使行间积水顺利流向路沟，之后流入支沟并入排水干沟。灌溉渠应高于行间，使水顺利灌溉。

图14-25　排水沟（陈湘云　供图）

　　南方建园要重视排水，降低地下水位。一般园区主沟渠深1.5～2.0m，支沟渠深1.2～1.5m，垄沟深0.3～0.4m。各沟渠的排水量应考虑园区所在地极限降水量，保证园区不积水，排水顺畅，雨停垄干。

　　（7）水肥一体化规划　现代葡萄园灌溉系统的建立多采用水肥一体化供应（图14-26），在滴管（或微喷灌）布设时，需要重视两点：

　　①防止出水口被水中沙粒或其他东西堵塞，影响正常运用。在打井时，应保证质量，保证适当的深度，对有关设备采取措施，以保证泥沙被过滤，主管道上也要设置过

图14-26　水肥一体化设施（陈湘云　供图）

滤装置。

②防止当滴管距离较长时，滴管管道两端出水量产生较大差异，从而对葡萄植株生长发育带来影响。

现代葡萄园水肥一体化设计时，设置水肥管、喷药管、冲肥管（解决因边角、地势地力差异等影响葡萄植株生长不均等问题）。滴管一般采用直径1.6cm，25～30cm设一个滴头，每小时滴水15～25kg。滴灌带每行长度在70m左右，微喷带每行在40m左右为宜。滴水设施的布设在葡萄定植前进行，布设时既要考虑定植当年的短期效应，也要考虑方便葡萄进入结果期以后的管理。

葡萄树定植当年常常以膜下滴管为主，每行葡萄一般采用1根滴灌管道，肥与水同时供应，以促进定植苗快速生长。当葡萄进入结果期后，根系多延伸到葡萄行间，每行葡萄左右两侧各配置1～2根滴灌管（图14-27），滴灌管与定植行距离可保持在40～50cm。

图14-27　建水县大家农业公司阳光葡萄园滴灌管设置（刘路 供图）

水肥一体化设计包括泵房的建立，泵房不仅有井有泵，还需要有一级过滤器，含沙石过滤器和叠片过滤器相互配套，并且还要有液体有机肥施肥系统、有机农药搅拌系统等。泵房内要在过滤器后设计加水阀门及管道，一个对内加（直接用3.3～6.6cm PE管接到用水的地方），一个对外加（直接用10～13cm PE或铁管接出泵房外，高出地面2.5～3.0m），方便加水配肥或配药等。

(8) 配套设施规划 规范建园配套设施包括电力设施、办公场所、仓库、冷库、分级包装车间、水肥一体化蓄水池、农用废弃物处理房、采摘接待房、体验休闲设施等配套设施，这些配套设施应根据种植规模进行专业规划设计。

(9) 智能化管理系统规划 一般包括物联网和智慧管理系统等。

2. **规范建园步骤** 首先应根据园区建设总体规划和设计图纸，有步骤、有计划地组织施工，其步骤一般为土地平整→排灌沟渠施工→水肥一体化管理施工→智能化信息线路预埋所有管道、管线（应深埋80cm以下，以免埋施基肥开沟时损坏）→园区道路硬化施工→土壤改良→挖定植沟或定植穴→建棚架设施、钢架大棚→整垄定植。

3. **园地选择** 避开使用过2-4，D丁酯类等影响葡萄生长的除草剂的地块；避开柑橘园、梨园等介壳虫发生严重的果园和果树（图14-28）；避开西瓜、大豆、辣椒、茄子等蚜虫、蓟马、红蜘蛛等发生严重的园地和蔬菜作物；避开杨树、棉花等虫害发生严重以及葡萄病虫害越冬寄主的树林与农作物；

图14-28 康氏粉蚧为害（王世平 供图）

避开高速公路、主要公路、工业园、养殖场等污染严重的区域。

选择地势平坦、土层深厚、土壤肥沃疏松、透水性和保水性良好的沙质壤土（图14-29）；交通方便、水源充足、排灌方便的地块；地下水位低，雨季地下水位在0.8m以下为宜。

4. **土壤改良** 阳光玫瑰葡萄对土壤要求高，需肥量大，需要培养旺树才能生产精品果，因此，阳光玫瑰葡萄栽培应在架设棚架前用挖掘机等机械进行土壤改良，挖定植沟或定植穴，可减

图14-29 沙质壤土建园整地（王先荣 供图）

少以后的生产成本，生产优质果。

阳光玫瑰建园应在检测土壤有机质和养分含量的基础上，根据当地的有机物料制定配方，进行土壤改良，最好一次性将种植沟或穴内土壤有机质调理到3%以上（图14-30、图14-31），一般土壤调理以牛粪、羊粪等草食动物粪便为基质生产的有机肥或正规厂家生产的生物有机肥，锯木屑、粉碎的秸秆渣、草木炭等有机物料，每667m²施10～20t。最好每667m²加入菜饼肥500～1 000kg，并在施用有机肥时加入适量的磷肥、钙肥和微生物菌肥。

图14-30 重庆吴小平葡萄园可用手插入土壤中
（王世平 供图）

图14-31 沟槽式或垄式培肥土壤厚度50cm
（王世平 供图）

5.挖定植沟 阳光玫瑰葡萄建园，应根据确定的架式与树形来挖定植沟与定植穴。若采用T形或V形架，则选择挖定植沟，一般挖宽0.8～1.2m、深0.5～0.8m。若采用H形或T字形水平棚架，则选择挖定植沟或定植穴，定植沟一般挖宽1.6～2.0m、深0.5～0.8m。定植穴的大小应根据株行距确定，一般挖宽2～4m、深0.5～0.8m。施基肥应在设架前完成，采用机械施基肥、改良土壤、整地等，这样可以减少以后的生产成本。

6.架式选择 目前适应阳光玫瑰栽培的有4种架式与树形。V形架（图14-32）、T形水平棚架（图14-33）、H形水平棚架（图14-34）、T形架（图14-35），前两种适应简易避雨栽培，后两种适应大棚栽培。V形架栽培行距2.5～2.8m，T形行距3.0～3.5m，H形行距6～7m。

生产优质阳光玫瑰葡萄适宜采用H形水平棚架和"一"字形水平棚架的大树形栽培。

图14-32　阳光玫瑰Ⅴ形架（陈湘云 供图）

图14-33　阳光玫瑰T形水平棚架
（王世平 供图）

图14-34　阳光玫瑰H形水平棚架
（陈湘云 供图）

图14-35　阳光玫瑰T形架
（王世平 供图）

五、苗木定植

1. 苗木选择

（1）苗木规格　选择无病虫、根系完整、一年生枝蔓具有4个以上健壮芽、茎粗直径在0.4cm以上的苗木。

（2）主要砧木特性

①贝达砧。抗寒，长势旺，耐湿，病毒重，僵苗多。

②夏黑砧。长势旺，不耐湿。

③SO4砧。抗根瘤蚜、根结线虫、根癌病，深根性，长势旺。

④3309M砧。长势旺，综合抗性强，浅根性。

⑤3309C砧。长势旺，综合抗性强，深根性。

⑥自根苗。口味正，成熟早，单株负载能力低。

⑦对葡萄根癌病抗性较强的砧木品种。主要有山河2号、山河3号、SO4、和谐等。

⑧耐湿热砧木品种。主要是3306C、1202C、SO4、贝达、101-14MG、225Ru、520A、3309C、41B等。南方地区气候炎热，空气湿度大，土壤易受水淹、涝害，请注意采用上述砧木品种。

⑨抗根结线虫砧木品种。目前线虫病害对葡萄的影响越来越大，防治困难，而且线虫也是葡萄病毒病的重要传毒媒介。

⑩常用的砧木品种。主要有抗砧3号、420A、SO4、5C、1613C、5BB、1103R、和谐、自由、VR039-16等。

⑪抗根瘤蚜砧木品种。目前在上海、陕西、山东、辽宁、湖南等地发现有根瘤蚜的危害。抗根瘤蚜引用的砧木主要有抗砧3号、沙地葡萄圣乔治、光荣、420A、5BB、SO4、5C、110R、140Ru、1103P、3309C、101-14MG、1616C、41B等。

(3) 阳光玫瑰嫁接在不同砧木上的生长表现

①生长势。

a.生长势强旺的砧木。3309M、SO4、抗砧3号、5BB、贝达、夏黑、华佳。

b.生长势中庸的砧木。甬优、自根。

c.生长势偏弱的砧木。巨峰、摩尔多瓦。

②口感。不同砧木的嫁接苗所生产的阳光玫瑰果实口感排列，从好到一般依次为自根、3309C、5BB、抗砧3号、贝达、甬优、巨峰、SO4。

③果皮颜色。在相同管理条件下，果皮颜色呈现金黄色的砧木有贝达、夏黑、自根、甬优、巨峰；果皮颜色较青的砧木有3309C、5BB、抗砧3号、SO4。

④成熟期。成熟期较早的砧木有贝达、夏黑、自根、甬优、巨峰。用其余砧木的苗果实成熟期约晚1周，SO4最晚。

⑤果粒大小。从大到小排列，依次为SO4、3309C、5BB、抗砧3号、贝达、夏黑、甬优、巨峰。

⑥僵苗率比例。贝达砧居多。

自根苗前期生长稍弱，两年后生长旺盛。

2. 定植时期 葡萄苗在秋季落叶后到第二年春季萌芽前均可栽植。地域不同栽种的时期地不同。南方地区既可春季栽种，也可秋、冬季栽种。

春季栽种时间为当地葡萄萌芽前20d。因阳光玫瑰葡萄喜温，根据近几年的实践证明适当推迟阳光玫瑰苗木定植时间对苗木生长更为有利，湖南省一般在植树节（3月12日）前后栽种。

3.定植方法　南方多雨地区种植阳光玫瑰葡萄应采取深沟高垄（图14-36、图14-37）、深挖浅种的基本方略，垄块应整成龟背状，定植时应用没有施入过任何肥料的客土隔离苗木的根系，隔离厚度6.0～10.0cm。按确定的株行距定植点挖穴栽植，把葡萄苗按照株距栽植在定植沟中，定植深度为根系以上覆土2～5cm，南方适当浅栽。定植前将苗木的根系剪留长约20cm，放入清水中浸泡10～12h，用5波美度石硫合剂消毒后栽植。栽苗时应使根系向四周伸展，栽后向上提苗。若采用嫁接苗，嫁接口宜外露在地面约10cm处，栽后及时浇透压蔸水。葡萄苗种好后铺宽1.2m、厚0.012mm的黑色地膜，可保持土壤水分并灭草。

图14-36　葡萄园深沟排水（王先荣　供图）　　图14-37　建水县大家农业公司阳光玫瑰宽行高垄种植（刘路　供图）

六、新栽植株管理

1.肥水管理

（1）苗木定植后新梢生长至6～8叶前　如土壤表面发白、干旱缺水时，用海藻精2 000～3 000倍液+谷乐丰88亿菌肥300～400倍液淋施，一般每株苗每次淋施3～5kg肥水，每10d左右施一次，共施2～3次。

（2）新梢生长6～8叶后　一般用50%高氮高钾大量元素水溶肥1 000倍液+谷乐丰88亿菌肥300～400倍液淋施，以后用50%高氮高钾大量元素水溶肥逐步增加浓度，由1 000倍液逐步增加至750倍液、500倍液、300倍液，一般不要超过300倍液。根据苗木生长情况，弱苗可加2%吲丁萘乙酸800倍液或根多多1 000倍液等生根剂促进生根，促使苗木生长整齐。一般生根剂施1～2次即可，以后加入腐植酸、海藻精、黄腐酸、氨基酸等促进根系生长。同时结合病虫害防治加入1.8%爱多收6 000倍液、98%胺鲜脂3 000倍液、0.004%芸薹素1 500倍液、壳寡糖1 000倍液、谷乐丰超聚能植物生命液1 000倍液等叶面喷施，促进苗木生长。

注意事项

　　以上促发新根的生根剂，促进生根养根护根的肥料，促进植株生长的调节剂、叶面肥等可交替使用，一般10～15d施一次。对于生长特别弱的树苗，发芽早期可在晴天或阴天，用0.1%噻苯隆500倍液＋农实多叶面肥喷施。

　　(3) 苗木生长出现病毒叶片的苗或园　可用太抗几丁聚糖400倍液、宁南霉素等防治病毒病的药剂喷施，每10d左右喷一次。

　　(4) 新梢生长至1m高时　在离树苗主干60cm处开沟，每667m²可埋施50%高氮高钾复合肥25～50kg，隔15～20d，在树苗的另一侧离主干60cm处开浅沟，每667m²可再埋施50%高氮高钾复合肥25～50kg。要求肥与土拌匀后浇水，保湿7～10d，有利根系吸收。

　　(5) 新栽园秋施基肥　一般在9月上中旬开始离树60cm处开宽50～60cm、深40～50cm沟，一般每667m²埋施已充分发酵的牛粪、羊粪等有机肥4 000～5 000kg、饼肥400～500kg、钙镁磷肥75～100kg、辅以生物菌肥（图14-38）。埋施肥料后，注重施水保湿，促进肥料转化。

注意事项

　　阳光玫瑰新栽苗生长旺季在6～9月的高温季节，此期一定要加强肥水管理，特别是追肥。8月以前一般高氮高钾硫酸钾型水溶肥为主。9～11月一般以低氮中磷高钾硫酸钾水溶肥为主，再施用发酵腐熟好的有机肥，补充锌、铁、硼、钙、镁等的中微量元素。

图14-38　阳光玫瑰葡萄园基肥的准备（王先荣 供图）

总之，阳光玫瑰新栽苗前期生长势弱，生长不整齐，应对弱苗采取促根、生根，对正常苗木养根、护根，叶面喷施生长调节剂、叶面肥促进叶片生长，增强光合作用。6 ～ 8叶以前用植物病毒病药剂防治阳光玫瑰病毒病株，促进苗木正常生长；苗木生长至6 ～ 8叶以后的高温季节需加大肥水施用量，但要注意施用浓度；苗木生长至1m高时注重埋施复合肥，促进苗木快速健康生长；秋季重施基肥，增施有机肥改良土壤；特别是加强6 ～ 11月的肥水管理，促进树势旺盛生长。同时加强对弱树的肥水管理，在全园统一施肥的前提下，需对弱树另外补施肥料，只有这样才能使阳光玫瑰植株生长正常，第二年正常开花结果。

2. 新栽园病虫害防治

（1）**主要病害**　新栽园的病害主要有病毒病、黑痘病、霜霉病、炭疽病等。

①病毒病防治。主要用太抗几丁聚糖300 ～ 400倍液、壳寡糖750 ～ 1 000倍液、谷乐丰超聚能植物生命液1 000倍液等防治病毒病的药剂，同时辅以芸薹内酯素、爱多收、胺鲜酯、噻苯隆等植物促长的调节剂。

②黑痘病防治。主要是苗木用5波美度石硫合剂严格消毒，萌芽展叶后用40%苯醚甲环唑4 000倍液、25%爱可1 500倍液、40%氟硅唑8 000倍液，25%腈菌唑1 500倍液、25%吡唑醚菌酯2 000倍液等药剂防治。

③霜霉病防治。主要用60%氟吗锰锌600倍液、10%氰霜唑1 500倍液、烯酰吗啉2 000倍液、25%甲霜灵800倍液、72%霜脲氰800倍液喷

图14-39　阳光玫瑰感染霜霉病
（王先荣 供图）

布均有效，还可用50%氯溴异氰尿酸1 000
倍液、50%氟醚菌酰胺1 000倍液等药剂治疗
（图14-39）。

④炭疽病防治。主要用50%咪鲜胺600
倍液、25%溴菌腈1 500倍液、40%苯醚甲环
唑4 000倍液、40%氟硅唑8 000倍液、25%
腈菌唑1 500倍液、25%吡唑醚菌酯2 000倍
液等药剂防治。

（2）主要虫害　阳光玫瑰栽植第一年常
发生的虫害主要为蚜虫、绿盲蝽（图14-40、
图14-41）、蛾类、地老虎、甜菜夜蛾、斜纹
夜蛾、棉玲虫、红蜘蛛等。

图14-40　绿盲蝽为害阳光玫瑰
叶片（王先荣 供图）

图14-41　绿盲蝽为害阳光玫瑰果实（张晓峰 供图）

①蚜虫防治。主要用10%吡虫啉1 500倍液、25%烯啶吡蚜酮2 000倍
液、30%噻虫嗪3 000倍液、20%呋虫胺6 000倍液等药剂防治。

②绿盲蝽防治。主要用26%氯氟啶虫胺5 000倍液、10%氯氟吡虫啉
3 000倍液、4.5%高效氯氰菊酯1 000倍液、4.5%联苯菊酯1 000倍液等药
剂防治。

③地老虎防治。主要是在定植前用40%辛硫磷1 000倍液仔细喷地面，
杀死地下害虫效果较好。生长期可用2.5%敌杀死2 000倍液，傍晚喷雾防

治效果较好。

④甜菜夜蛾、斜纹夜蛾、棉铃虫防治。主要用5%甲维盐3 000倍液、5%氯虫苯甲酰胺1 000倍液，以及氟虫脲、除虫脲、苏云金杆菌、茚虫威、溴虫腈等。

总之，阳光玫瑰栽植第一年一般还没有采用避雨栽培，病虫害发生较严重，对黑痘病（图14-42）、霜霉病、炭疽病等病害的防治，一般采取保护剂加治疗剂相结合的防治方法；虫害主要是加强夏、秋季的防治；特别要注重病毒病的防治，加强肥水管理，利用植物生长调节剂、高效叶面肥、植物病毒病防治药剂等相结合的综合防治策略。

图14-42　阳光玫瑰枝叶感染黑痘病（晁无疾 供图）

3. 新栽园枝蔓管理

（1）夏季修剪　新栽园的枝蔓管理应根据设计的架式、树形确定整形方式。不论采用哪种整形方式，在湖南省澧县一般7月20日前主蔓已形成，可利用主蔓上的副梢培养来年的结果母枝，一般将副梢留3～5叶摘心，其顶部再留一根副梢延长生长至3～5叶摘心，其余中下部所有副梢均留1～2叶绝后处理（图14-43）。7月20日之后形成的主蔓，则将主蔓直接培养成结果母枝，其上副梢均留2～3叶绝后处理。为促进花芽分化，秋季可喷施2～3次生长抑制剂，可用50%矮壮素750～1 000倍液+21%富利硼3 000倍液，或98%缩节胺1 000～1 500倍液+21%富利硼3 000倍液。

图14-43　阳光玫瑰新梢引绑上架后的摘心处理（王先荣 供图）

（2）冬季修剪　阳光玫瑰定植第一年冬季修剪，幼树具有很强的树体与结果母枝利用的一致性，冬剪时利用树体的平衡性，一般主蔓粗度在1cm以下时，则将主蔓上的副梢全部剪除，让主蔓成为结果母枝

图14-44　阳光玫瑰定植第一年冬季
修剪（王先荣 供图）

（图14-44）；主蔓粗度大于1cm以上，且主蔓上的副梢粗度在0.4cm以上，数量充足，则让副梢成为结果母枝，留2～3芽修剪。

从澧县近几年冬季修剪的情况看，栽植后第一年冬季修剪过重，特别是旺树将主蔓和副梢同时都作为结果母枝的，表现为发芽不整齐，副梢先发芽，主蔓发芽很晚，当副梢结果母枝上的新梢生长到60～100cm时，主蔓上的冬芽才陆续发芽，且形成徒长枝，有30%～60%新梢脱落（图14-45）；如果对副梢结果母枝留一芽重剪，也容易形成徒长枝，这种特性目前只在阳光玫瑰这一品种表现。冬季修剪选留结果母枝时必须注意，要么利用副梢，要么利用主蔓，且结果母枝最好留芽量一致，分布以主干为中心，在架面上均匀对称分布。抹芽定枝也要选留萌芽期和生长一致的新梢为宜，新梢引绑均匀，留叶量一致。

注 意 事 项

阳光玫瑰是目前对树体与枝梢生长要求一致性最高的品种，否则极易发生在同一株树上果穗与果穗之间的果粒大小、糖度差异很大。为此，应注重选留同级的结果母枝，在生长期保持树体的平衡性，以促进阳光玫瑰稳产、优质。

阳光玫瑰副梢母枝、主蔓母枝发芽与抽梢不整齐　　主蔓新梢开始萎蔫脱落

图14-45　副梢母枝因冬剪过重导致树体营养不平衡（王先荣 供图）

七、结果树管理

1.冬季修剪　冬季修剪一般在落叶后至伤流期前15d进行，湖南一般在每年的12月下旬至翌年1月底以前完成。冬季修剪应根据设计和选择的架式与树形确定修剪方案。除整形需要延长枝蔓外，一般留2～3芽修剪，结果母枝按间距40～50cm留枝。阳光玫瑰结果母枝粗度为1.0～1.5cm为宜。弱枝和旺枝花芽分化差，冬剪时尽可能的剪除。多年结果的树，若生长势过旺，结果母枝过粗，粗度超过1.5cm，冬季修剪过重，也易出现新梢徒长、萎蔫脱落。因此，要注重间伐，保持树体和新梢生长旺而不徒长。

图14-46　阳光玫瑰结果园短梢修剪后的发芽表现（王先荣 供图）

阳光玫瑰是必须保果的品种，因此冬季修剪时，尽可能让结果母枝剪的整齐一致，在一条直线上，这样利于发芽整齐，新梢生长整齐一致（图14-46、图14-47）。利于主梢统一集中摘心，促进开花期整齐一致，便于保果时间和措施的统一性。

冬季修剪　　　　　　　　　　　　翌年萌发情形

图14-47　阳光玫瑰冬剪后翌春萌芽状况（车旭涛 供图）

由于阳光玫瑰对土壤要求高且施肥量大，目前新栽园普遍为获得早期丰产，采取密植的方法，树势很容易强旺，虽然阳光玫瑰需要旺树栽培，但树势过旺容易形成空心果，枝梢太旺管理不便，容易滋生病虫害，特别是果实品质难以保证，因此，在确定冬剪方案时，应根据树势、树龄、地力等方面的因素综合考虑适当的间伐方案。在初果期，主干、主枝正在增粗，特别要注重主干、主枝的延伸与充实，尽量减少果实的负重。

2.花果管理

(1) 加强花穗的病虫害管理　阳光玫瑰是不抗灰霉病的品种，在南方高温高湿的气候条件下，花果极易感染灰霉病。同时，由于阳光玫瑰疏花时一般留花穗末端（花穗尖），一旦花穗感染灰霉病（图14-48），则落果严重，严重影响穗形。因此，在开花前的15d左右，重点加强花穗的灰霉病防治，并根据天气情况，若开花前阴雨天多，则需要用灰霉病的治疗剂，专喷花穗1 ~ 2次，并兼治穗轴褐枯病。同时应及时引绑枝蔓，保证架面通风透光。若发现开花期灰霉病严重，需在保果药剂中加入灰霉病的治疗剂（图14-49）。

图14-48　阳光玫瑰花穗感染灰霉病（晁无疾 供图）　图14-49　阳光玫瑰开花前预防灰霉病
（王先荣 供图）

(2) 加强中微量元素的补充　阳光玫瑰自然坐果率不高，特别是在旺树栽培的前提下，更容易造成严重的落花落果（图14-50），因此，从萌芽到定枝后，应加强硼、锌、铁、钙、镁等中微量元素的补充，以保证花穗健康生长。

(3) 科学合理使用植物生长调节剂　生长势弱的树，特别是第一年结果的树，萌芽展叶3 ~ 4片叶时，可用0.1%噻苯隆500倍液+全营养叶面肥喷叶面。若新梢生长过旺，可在花前10 ~ 15d用植物生长抑制剂控制生长。

用98%缩节胺750～1 000倍液+21%富利硼3 000倍液喷新梢顶部。注意尽量不要喷到花穗上，这样可有效控制新梢过旺生长，促进坐果，有利于集中统一保果，减少保果的工作量。

图14-50　阳光玫瑰新梢生长过旺，保果
　　　　 不及时容易落花落果
　　　　 （王先荣 供图）

注 意 事 项

特别注意的是阳光玫瑰使用植物生长抑制剂，一是要将使用时间提前至开花前10d以上；二是要用合理适量的浓度并加适量的硼等微量元素；三是尽可能不要喷到花穗上。另外开花前施药防病时，不可使用抑制作用较强的三唑类农药，否则，保果时花穗难以拉长，果穗短，加大了疏果的难度和工作量。

若发现开花前花穗较小，植物生长抑制剂使用浓度过大，花前使用过抑制作用强的三唑类农药，应及时进行主梢重摘心和处理副梢，并用1.8%爱多收6 000倍液+海藻精喷全树叶片，重点喷花穗，促进花穗伸长。

为提高坐果率，可在开花前结合喷药防病，加入0.004%芸薹素内酯1 500倍液或98%胺鲜酯3 000倍液或1.8%爱多收6 000倍液。

（4）疏花

①开花前1周至盛花期疏花。先将弱枝（开花前新梢长度在50cm以下）上的花穗剪除，中庸枝上2个花穗的剪除1个差的花穗，再将留下来的花穗进行疏花处理。一般留花穗的末端长3～5cm，16～18个支轴，再将花穗的支轴剪至单层，每个花穗分枝轴单层上保留10粒左右的花蕾数（图14-51）。在初果期，由于重点是培育主干、主枝的延伸与充实，受主干增粗、主枝延长的影响，果实生长弱，果粒比成年树小（≤10g/粒），因此应尽量多疏少留。疏花时最好在花穗上部留一个支穗作为标记（图14-52），便于保果时摘除，分批保果。

②异常花穗处理。阳光玫瑰与其他品种相比，异常花穗发生率较高。在整理上，花穗顶端分叉，分成两股，且两股枝梗上花粒分布均匀，要切除一边，进行整形；花穗顶端扁平，花蕾簇生成团，没有明显的穗尖

修整花序前　　　　　　　　　　　　修整花序后

图14-51　阳光玫瑰修整花序（王先荣 供图）

图14-52　阳光玫瑰浸果标记
（王先荣 供图）

（图14-53），则将顶端形状不好的部位全部剪除，使用花穗中间枝梗坐果；花穗主轴完全弯曲，则选用花穗最上端较长的、朝下生长的枝梗，具体要求枝梗长度在3.5cm以上，最好是水平生长或朝下生长。

阳光玫瑰花序顶端分叉　　　　　　　阳光玫瑰花序顶端扁平

图14-53　阳光玫瑰异形花序（晁无疾 供图）

（5）无核化处理及保果

①无核化处理及保果配方。

a.氯吡脲或噻苯隆2 ～ 5mg/kg ＋赤霉酸20 ～ 25mg/kg ＋必加3 000倍液＋高收750倍液蘸果穗。

b.国内当前也有直接从日本引进的阳光玫瑰专用保果剂，使用效果较好。

注意事项

　　以上配方在配药时必须用干净的水源，另外，药剂加入时严格按照配方顺序（先溶解晶状体→粉状→水分散粒剂→悬浮剂→水剂）兑成母液后稀释。

　　②无核化处理及保果的技术要求。

　　a.要加强花穗的病虫害防治，保证花穗不能感染灰霉病、穗轴褐枯病等病害。

　　b.要加强蚜虫、蓟马等虫害的防治。

　　c.要及时引绑枝蔓，保证引绑枝蔓工作在开花前完成，保证架面通风透光，花穗能到见阳光（图14-54）。

　　d.要及时进行主梢摘心和副梢处理，控制营养生长（图14-55）。

图14-54　阳光玫瑰枝蔓引绑
（王先荣 供图）

图14-55　阳光玫瑰花穗上3叶摘心及副梢处理
（王先荣 供图）

　　e.在开花前控制氮肥施用量，控制新梢生长过旺。

　　f.在开花期控制土壤水分，降低棚内湿度。

　　g.根据树龄、树势、地力、花穗的生长状况、天气、温度等因素，制定科学合理的保果配方、浓度及处理时间（图14-56）。

　　h.科学合理的在满花后48h之内分批用保果药剂浸果穗（图14-57，图14-58）。

　　i.无核化处理及保果后及时加强肥水管理，一般保果结束后立即滴灌或冲施硫酸钾型高氮高钾大量元素水溶肥，保持土壤湿度在80%左右。

调节剂处理不当果刷变短，落果严重　　　调节剂处理正确果刷正常，无落粒

图 14-56　调节剂处理阳光玫瑰的不同效果（晁无疾 供图）

开花前　　　　初花期　　　　盛花期　　　盛花后48h内最佳
　　　　　　　　　　　　　　　　　　　　　　　　处理时间

图 14-57　阳光玫瑰第一
次保花保果
处理

图 14-58　阳光玫瑰无核化处理时间（张晓锋 供图）

③无核化处理及保果的药剂。

a.赤霉酸。一般使用浓度为20 ～ 25mg/kg，当树势弱时用高浓度（25mg/kg），树势旺时用低浓度（20mg/kg），果穗需要拉长时用高浓度（25mg/kg），温度高时用高浓度（25mg/kg），温度低时用低浓度（20mg/kg）。

b.氯吡脲、噻苯隆。一般使用浓度2 ～ 5mg/kg，当树势弱时用高浓度，树势旺时用低浓度，花穗感病和落花落果严重时用高浓度，保果较早、及时用低浓度，保果晚时用高浓度，特别是已开始生理落果时用高浓度。

c.链霉素。为无核化处理药剂，一般使用浓度为200mg/kg。

d.必加。为黏着剂，有利于药剂分布均匀，增加药效。

e.高收。主要效果是软化果梗。

f.对氯苯氯乙酸。可提高无核化率和增加保果的效果。一般用3 000 ～ 5 000倍液，使用浓度高时无核化率高、保果效果好，但使用浓度过高时，保果率过高，疏果的难度和工作量加大。

g. 1.8%爱多收、98%胺鲜酯。可提高保果药剂的持效性，可加入1.8%爱多收6 000倍液或98%胺鲜酯3 000倍液。

总之，阳光玫瑰无核化及保果是一个综合性、技术性、时效性、操作性很强的工作。必须根据气候、温度、湿度、生长势、树体的健康状况、花穗的健康状况等各方面的因素制定科学合理的保果方案、措施及配方。在同样的无核化及保果方案、措施及配方条件下，若操作不当也会出现很多严重的问题。如保果过早（在盛花期保果）会出现严重的大小粒、僵果（图14-59）；阴雨天的

图14-59 阳光玫瑰保花保果过早出现大小粒、僵果（王先荣 供图）

傍晚或空气湿度大时浸果，果穗易卷曲（图14-60）；温度过高保果，易灼伤幼果皮；浓度过高时易出现空心果、畸形果；浓度过低，出现果粒小、落果重、有核果等问题；赤霉酸、氯吡脲使用浓度过高时，易出现果梗变粗、硬化、落粒现象严重等问题。因此，阳光玫瑰保果最好是在专业

湿度大时浸果，果穗易卷曲　　　　合理保果，果穗较直

图14-60 阳光玫瑰在不同条件下保果效果（王先荣 供图）

技术人员的指导下进行。

保果配方科学合理、措施得当、操作到位时果穗拉长明显，一般达到20cm以上，果粒分布均匀、大小一致、果穗美观，大大减少疏果的工作量，有利于果粒的自然膨大。

(6) 果实膨大 阳光玫瑰膨果的前提条件与基本理念：首先必须培养健康的树体，加强土、肥、水管理，保持合理的枝果比、叶果比，制定综合膨果方案与措施，辅以科学的膨果配方，并预防和减少果锈发生。

①培养健康的树体。阳光玫瑰必须在开花前使树体健康。保持植株旺盛生长，主要是增施有机肥、菌肥、土壤调理剂、钙镁硼锌等中微量元素，加强生根、养根、护根等管理工作，加强病毒病的防治；加强弱树、缺素症树体的管理，加强病虫害防治、枝梢管理，保持合理的枝果比、叶果比，加强植物生长调节剂的应用与管理，采用科学的树体管理综合措施。促使在开花前达到旺盛健康的树体是膨果的基础。

②加强土、肥、水管理。阳光玫瑰开花前应根据树龄、树势、地力、生长状况等制定科学的萌芽肥、催条肥、花前肥的施用方案和土壤调整方案。同时针对病毒病植株、弱树、黄叶树制定解决方案。阳光玫瑰在开花前无论是第一年结果树还是多年结果树，都会出现不同程度的带病毒的植株、弱树、黄叶树，特别是第一年结果树更为明显。采用科学的土、肥、水管理措施是膨果最有效的途径，若肥水不足，膨大剂效果也不佳。

图14-61　阳光玫瑰果实膨大处理（王先荣 供图）

③果实膨大配方。保果后一般10～14d进行膨果，一般配方为赤霉酸20～25mg/kg+氯吡脲或噻苯隆2～3mg/kg +保美灵5 000倍液+必加6 000倍液+高收750倍液蘸果穗（图14-61）。

国内当前也有直接从日本引进的阳光玫瑰专用膨果剂，使用效果较好。

注意事项

　　以上果实膨大配方在配药时必须用干净的水源，另外，药剂加入时严格按照顺序进行。

④果实膨大的技术要求。

a.要加强果穗的病虫害防治，保证果穗不能感染灰霉病、穗轴褐枯病等病害。

b.要加强对蚜虫、蓟马等虫害的防治。

c.要及时进行副梢处理，控制营养生长，保持合理的枝果比、叶果比，促进果实自然膨大。

d.要在膨果前加强钙镁硼锌铁中微量元素的补充，促进果实膨大，防止空心果、畸形果的发生。

e.要及时疏果，控制产量。

f.加强根系养护，加强病毒病的防治，促进树体健康生长。

g.根据树龄、树势、地力、花穗的健康生长状况、天气、温度等因素，制定合理的膨果配方、浓度及时间。

h.膨果后及时加强肥水管理。一般膨果结束后应立即滴灌或冲施硫酸钾型高氮高钾大量元素水溶肥及腐殖酸肥、氨基酸肥、生物菌肥、黄腐酸肥、海藻肥等，并补充钙镁等中微量元素，促进果实膨大。

⑤促进果实膨大的药剂。可参见无核化处理及保果药剂中赤霉酸、氯吡脲、噻苯隆、必加、高收、爱多收、胺鲜酯等药剂的使用。

总之，阳光玫瑰果实膨大是一个综合性、技术性、时效性、操作性很强的工作。必须根据气候、温度、湿度、生长势、树体的健康状况、果穗的健康状况等各方面的因素制定科学合理的膨果方案、措施及配方。在同样的膨果方案、措施及配方条件下，若操作不当也会出现很多严重的问题。如温度过高膨果，易灼伤幼果果皮；浓度过高时易出现空心果、畸形果；浓度过低，果粒膨大不均匀或果实不能膨大等问题；赤霉酸、氯吡脲使用浓度过高时，易出现果梗变粗、硬化、落粒现象严重等问题。因此，阳光玫瑰果实膨大最好是在专业技术人员的指导下进行。

图14-62　王先荣指导阳光玫瑰疏果（张熠 供图）

（7）疏果（图14-62）。

①定果穗。阳光玫瑰疏果一般在保果后3～5d，果粒已明显长大、能分清大小、生

理落果已结束时开始。先是根据树龄、树势、新梢生长状况定果穗，一般在谢花后新梢生长势弱，长度在60cm以下、粗度在0.8cm以下不留果；长度在60 ~ 100cm、粗度在0.8cm以上，且生长较好，两根新梢留一串果；长度在100cm以上，粗度在1cm以上，且生长旺盛，则一根新梢留一串果。

②保留单层果。一般在保果后3 ~ 5d进行，在定果穗后立即开始，主要是将果穗支穗上的多层果只保留一层果，其余的全部剪除（图14-63），剪除时间越早越好，一般要求在膨果处理前完成，有利于留下来的果生长均匀，大小整齐一致。

③疏果。果穗的支穗保留单层果后立即开始疏果（图14-64、图14-65），疏果一般在保果后5d开始，主要是在疏除小粒、僵果、畸形果后，按每穗50 ~ 80粒均匀留果。一般留50 ~ 60粒的从果穗上部的支穗按4粒、3粒、2粒、1粒留果，由果穗上部往果穗末端依次疏果；留60 ~ 80粒的从果穗上部的支穗按5粒、4粒、3粒、2粒、1粒留果，由果穗上部往果穗末端依次疏果。疏果要保证所保留的果粒生长均匀，满足所要求的果粒数。疏果最好在保果后20d之内即封穗之前完成，否则，将加大后期疏果的难度。

图14-63　阳光玫瑰疏果后的标准果穗形状（王先荣 供图）

疏果前

疏果后

图14-64　阳光玫瑰疏果前后效果对比（王先荣 供图）

疏花前　　　　疏花后　　　　疏果前　　　　疏果后　　　　成熟期

图14-65　阳光玫瑰疏花疏果前后对比（张晓峰 供图）

（8）果穗套袋

①套袋时间。阳光玫瑰套袋时期为果实膨大后至封穗期，过早易发生日灼，疏粒晚的要等到完全清除因疏果而损伤的果粒后方可套袋，因疏果损伤的果粒套袋后易出现整穗腐烂或感病。湖南澧县套袋时间一般为6月1～20日为宜。套袋一般选择阴天或晴天，晴天中午高温不能套袋。V形架一般晴天套袋，上午套西边的果穗，下午套东边的果穗。

②果袋选择。阳光玫瑰应根据树龄、架式、生长势和生产销售的要求选择果袋种类（图14-66），果皮的颜色除了受成熟度影响外，也随采光和果袋颜色而变化。遮光率高的果袋可以增加果皮的绿色程度，虽然黄色看起来更有成熟感，但通常作为礼品用时绿色更受欢迎。因此，应根据不同的商家与客户要求选用不同的果袋。

注 意 事 项

使用遮光率高的青色果袋在同一时期果实更显绿色。第二年结果的树和树势弱的园一般果皮易变黄，因此选择绿色果袋或其他有色果袋，光照强的地区，应选择纸质厚、能够遮光的果袋。V形架套袋后果穗颜色易出现"阴阳脸"，应选择一面为白色一面为绿色（或有色）的果袋，套袋时将白色的一面朝内，绿色或有色的一面朝外，这样能够促进果穗内外颜色一致。水平架果穗上部果皮颜色易变黄，因此，应选择上部为绿色或蓝色、下部为白色的果袋，绿色或蓝色应占到果袋长的2/3左右，且有色袋应在开口处颜色深，往下逐步变淡，这样让果穗上、中、下颜色一致。膨果后即套袋的阳光玫瑰葡萄园最好选择激光眼果袋，这样可以预防或减轻日灼。对果色要求不严的，可选择白色果袋，白色果袋一般较有色果袋早熟7～10d。

白色果袋（王先荣 供图）

绿色果袋（王先荣 供图）　　　　　　上部蓝色、下部白色的果袋（晁无疾 供图）

图14-66　阳光玫瑰选用不同颜色的果袋

③套袋前果穗处理。阳光玫瑰套袋前，应认真清除果穗上的病果、烂果及疏果后未掉的果粒，然后对果穗认真的喷施一次治疗、预防性杀菌剂。目前，阳光玫瑰果穗主要病害为炭疽病（图14-67）、白腐病（图14-68）、白粉病、灰霉病。特别是灰霉病，若套袋前对果穗防治不到位，套袋后1周后，果袋内极易发生灰霉病，引发整穗感染。澧县的成功做法是：在套袋前仔细清除果穗上的病果、烂果，之后全园仔细周到喷一次防治炭疽病、灰霉病、白腐病、白粉病及虫害的药剂，再用不同类型的杀菌剂仔细周到的专喷果穗。专喷果穗应与套袋的进度同步。一般喷施果穗待药液

图14-67　阳光玫瑰炭疽病
（张晓峰 供图）

图14-68　阳光玫瑰白腐病
（张晓峰 供图）

干后即可套袋，喷药后最长不超过2d套完。套袋前专喷果穗防病配方为35%露娜润2 000倍液+62%美赛（嘧环·咯菌腈）1 500倍液，效果较好。

④套袋方法。选择阴天或晴天下午，大雨后转晴，过1～2d后才能套袋。先将手伸入袋中，使袋口和整个纸袋充分伸展膨胀，确保果袋下端的两个通风口完全张开，然后将果袋从果穗下端轻轻向上提，使果穗居于果袋中央，再用果袋一边的金属丝将果袋固定在穗轴上，只能转动金属丝，以免扭伤果柄。

(9) 果实品质管理　阳光玫瑰属优质高档品种，生产优质果具有很好的价格优势，必须加强生产过程中果实品质管理，才能获得好的经济效益。

①优质果标准。阳光玫瑰葡萄优质果的标准为穗形美观、支穗单层、无挤压变形、松紧适度、颜色一致、果粒均匀、大小一致，单穗重500～750g，单粒重12～14g，果粒长椭圆形或椭圆形、果梗软、果粉浓、果皮薄有韧性、果肉不空心、糖度高、果穗上部与下部果粒糖度差控制在1%左右、糖酸比适宜、果肉脆、无涩味、香味浓、口感好，不脱粒、耐贮运，果实农残量符合国家绿色食品A级标准（图14-69）。

图14-69　阳光玫瑰优质标准果穗
（王先荣 供图）

②培养树相。根据架式、树形进行土壤、肥水、病虫害、根系、新梢、副梢等树体各方面的管理，培养生产优质果的最佳树相。虽然阳光玫瑰适宜旺树栽培，但过旺的树势、树相也不利于生产优质果，中庸、弱树更不利于生产优质果，最佳树相的指标应根据树龄、树势、架式等方面进行探索研究。总而言之，主干、主蔓每年必须明显增粗，结果母枝间距40～50cm为宜，新梢间距20～22cm，基部粗度1.0～1.5cm为宜，新梢节间长从基部第一节逐步加大，从第三节起节间距保持在12～16cm为宜，叶片大小适宜、深绿色、肥厚、有光泽。在开花前主梢摘心及副梢处理后，果实膨大期顶端延长副梢也应较旺生长，整株的新梢生长整齐一致，无过弱或过旺的枝条（图14-70）。在主梢摘心后20d之内，通过副梢调整

整株新梢粗度、长度及叶片大小，特别是延长副梢顶部叶片大小基本一致，各新梢节间长也基本一致，果实在二次膨大期枝梢基本停止生长等。

③确定合理的产量。保留产量应根据树龄、树势、树相确定，一般按新梢间距20～25cm，新梢长度在谢花后达100cm以上，基部粗度达1cm以上，每根达标新梢留果重500～600g为宜，按达标新梢数×最佳单穗重为留果量（图14-71），中庸枝按2根枝留1穗果，弱枝不留果。

图14-70　阳光玫瑰健壮树体（王先荣　供图）　　图14-71　阳光玫瑰科学控产挂果状（王先荣　供图）

④确定适合的穗重。阳光玫瑰植株生长势弱，特别是第一年结果的树，每穗留果40～50粒为宜。生长势旺的树或多年结果的树，每穗留果50～60粒为宜，最多留果不能超过70粒/穗，单粒重12～14g为宜，单穗重控制在500～750g为宜。

⑤多方位提高果实品质。阳光玫瑰优质栽培除了培养最佳树相，合理控产，严格控制果穗重、果粒重外，还应从土肥水管理，梢果比、叶果比控制，把握好定产、定穗、疏果的时间，加强病虫害防治、果实套袋、树体营养、果实营养等方面的管理，搞好新梢摘心与副梢处理，在预防恶劣气象因素带来的不良影响等诸多方面，采取科学、实用的技术措施，多方位提高果实品质。

3. **土肥水管理**　阳光玫瑰需肥量大，需要旺树栽培，加之有的阳光玫瑰定植后植株带病毒，易出现缺素症，且属高档品种，需要生产优质果，含糖量要高、香味要浓，因此，阳光玫瑰结果园的土肥水管理要求极高，主要是调理和改良土壤、增施有机肥，土壤有机质含量达3%以上。主要运用水肥一体化管理技术（图14-72）。

图14-72　阳光玫瑰水肥一体化机房（王先荣 供图）

（1）催芽肥　第一年结果的树和地力差、树势偏弱、需要扩大树冠的多年结果园需要追施催芽肥，一般在伤流期，每667m^{2}埋施50%高氮高钾硫酸钾复合肥30～50kg，最好含锌、硼等微量元素。秋冬已施足基肥、土壤有机质含量高、土壤肥沃、树势旺的园不用施催芽肥。

（2）催条肥　第一年结果的园和生长势偏弱的园，萌芽后新梢生长10cm左右时，需要追施催条肥。一般用50%高氮高钾硫酸钾型大量元素水溶肥，每667m^{2}施5～10kg，加入适量的海藻精或腐殖酸或氨基酸或黄腐酸或聚谷氨酸或适宜的生物菌剂、土壤调理剂等，生根养根，促进枝蔓生长。视树势和新梢生长情况，若树势偏弱，隔7～10d，可再施一次。

（3）壮果肥

①开花前1周，每667m^{2}施硝酸铵钙15～25kg，也可用冲施的兰月钙等水溶性钙肥滴灌或冲施。

②谢花后。每667m^{2}埋施50%高氮高钾硫酸钾复合肥30～50kg，或用50%高氮高钾硫酸钾大量元素水溶肥，加入适量的腐殖酸或聚谷氨酸等水溶肥滴灌或冲施。若树势偏弱，隔7～10d可再施一次钙肥。

③坐果后。每667m^{2}可再施一次钙肥，促进果实膨大，防止空心果，提高果实品质。

在湖南澧县，视枝梢生长势和果实生长状况，若生长偏弱，壮果肥可施至6月底，6月底以后须控制氮肥施用量。

（4）催熟肥（着色肥）　果粒发软有弹性、开始二次膨大时，可用低氮中磷高钾大量元素水溶肥与磷酸氢钾加钙肥滴灌或冲施，一般每667m^{2}施5～10kg，为提高品质，可加入适量的腐殖酸、鱼蛋白、黄腐酸钾等

图14-73　阳光玫瑰结合喷药喷施花前叶面肥（王先荣 供图）

肥料。根据树势和果实生长状况，隔7～10d可施一次。

为使阳光玫瑰优质生产，在土壤施肥的前提下，花前花后应叶面喷施硼肥、锌肥、钙肥、镁肥等（图14-73）。为促进叶片生长可结合喷药防病，加入谷乐丰超聚能植物生命液、壳寡糖，促进生长，提高抗逆性。

（5）还阳肥　葡萄采收后应及时追肥，可用腐熟的人、畜粪加氮肥冲施，也可用50%高氮高钾硫酸钾型大量元素水溶剂滴灌或冲施，每667m²施5～10kg，隔7～10d再施一次。

（6）基肥　9～10月葡萄采收完后，在离树主干60cm处开沟或打孔埋施基肥（图14-74、图14-75），沟或孔的深度应达到40～60cm，每

机械开沟

施　肥

图14-74　阳光玫瑰开沟施基肥（张晓峰 供图）

打　孔

肥料拌匀

图14-75　打孔施肥（王先荣 供图）

667m^{2}埋施已经充分发酵的牛粪、羊粪等有机肥4 000～5 000kg、磷肥75～100kg，同时结合施基肥，根据土壤状况，可施入适量的土壤调理剂，如磷钙镁生物菌肥、生石灰等。

4. 病虫害防治

（1）阳光玫瑰不同物候期的病虫害种类（表14-1）

表14-1　阳光玫瑰不同物候期的病虫害种类

时期	病虫害种类
2～3叶期	黑痘病（避雨后不易发生）、炭疽病、白腐病、病毒病、绿盲蝽、蚜虫、金龟子
花序分离期	灰霉病、穗轴褐枯病、黑痘病、蓟马、绿盲蝽、斑衣蜡蝉
开花前	灰霉病、霜霉病、炭疽病、穗轴褐枯病、蓟马、蛾类、绿盲蝽
谢花后2～3d	灰霉病、炭疽病、霜霉病、白腐病、蓟马、螨类、蚜虫（图14-76）
幼果膨大期	灰霉病、白粉病、白腐病、溃疡病、蛾类、康氏粉蚧、蚜虫
封穗期	霜霉病、灰霉病、白腐病、炭疽病、溃疡病、桃蛀螟、康氏粉蚧
转色期	病毒病、霜霉病、灰霉病、白腐病、炭疽病、酸腐病（图14-77）、蛾类、棉铃虫
采收后	霜霉病、褐斑病、炭疽病
落叶后休眠期	多种病原菌、虫源隐藏在树皮下、芽眼里、棚架设施上、土壤中越冬

图14-76　蚜虫为害幼果
（王先荣 供图）

图14-77　果实酸腐病（张晓峰 供图）

图14-78　阳光玫瑰新梢病毒病症状
（王先荣　供图）

图14-79　蚜虫为害阳光玫瑰嫩梢
（王先荣　供图）

（2）阳光玫瑰病虫害发生的特点

①病毒病发生严重。特别是在萌芽至采收前，应加强病毒病的防控（图14-78）。

②灰霉病发生严重。在避雨栽培的条件下，在开花前后，花穗、果穗灰霉病发生严重，特别是在套袋前应加强防控。

③蚜虫发生严重。近几年来，阳光玫瑰在开花前至坐果前后，蚜虫发生严重（图14-79）。

④红蜘蛛发生严重。在湖南澧县一般品种未发现有红蜘蛛为害，但阳光玫瑰在开花前至采收前有红蜘蛛为害，应注重对红蜘蛛的防控。

⑤缺素症发生严重。生长势弱，易发生缺铁、缺镁等症状（图14-80），开花前后应注重补锌、补硼、补铁、补镁等，在果实膨大期注重补钙。

单叶片黄化

大面积叶片黄化状态

图14-80　阳光玫瑰缺铁性黄化症状（王先荣　供图）

（3）结果园病虫害防治

①剥老树皮。利用伤流期剥除老树皮，特别是有康氏粉蚧发生的园区，应彻底剥除老皮，铲除病虫源，将剥除的老树皮清除出园区集中处理（图14-81）。

剥树皮　　　　　　　　　　剥除葡萄主干和主蔓上的树皮

图14-81　葡萄园剥除老树皮（晁无疾 供图）

　　②清园消毒。绒球期需用5波美度石硫合剂对葡萄园进行一次全面彻底的杀菌消毒，对地面、葡萄棚架设施、葡萄枝蔓仔细喷洒，喷雾必须周到全面，彻底杀灭病虫源。葡萄萌芽露绿后严禁施用，以免产生药害。同时施药前后应严格清洗管道及喷雾器。

　　③药物防治、生物防治、物理防治方法同其他葡萄品种。

八、果实采收与采后处理

　　1.**采收**　南方地区阳光玫瑰一般在8月中下旬以后采收，因为阳光玫瑰酸度低，虽然在未充分成熟之前不影响食用，但风味欠佳。即使在糖度上升困难的年份，最低也要等到糖度达到18白利度时采收（图14-82）。阳

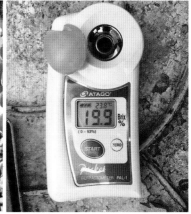

接近成熟期的果穗（王先荣 供图）　　　手持测糖仪测定果实糖度

图14-82　阳光玫瑰果实成熟度检测

光玫瑰很难靠果皮颜色来判断采收期，主要看果穗、果柄的成熟度来判断，果柄变褐即已成熟，因此，为能及时采收，须在采收前测定糖度，在高于18白利度时方可采收。采收的技术要领与其他品种的精品果相同。

　　2. 采后处理　　为提高果实的商品性，果实采收到包装车间之后，对果穗分级之前，需进行修整，使之整齐美观，修整果穗主要是剪除小果、青果、裂果、病虫果、畸形果等，且对副穗、岐肩一并进行修饰。在修整果穗的同时完成分级，将果穗大小、颜色、形状等基本一致的放入同一个包装箱中。通常以单层摆放为宜，精品果需单穗包装（图14-83，图14-84）。包装箱的规格，应根据不同的商家与客户的要求设计。根据包装箱规格，每箱摆放的果穗数量、大小、形状需基本一致，防止装箱过松、过紧，以免影响贮运效果（图14-85）。

图14-83　澧县阳光玫瑰精品果单穗包装（王先荣　供图）

图14-84　日本阳光玫瑰精品果单穗包装　　　　图14-85　日本东京市场阳光玫瑰包装
　　　　　　　　　　　　　　　　　　　　　　　　　　　　　　　　（晁无疾　供图）

（编者：王先荣　陈湘云）

第 15 章

夏黑无核葡萄
当年种植当年丰产高效栽培

一、建园

1. **园地选择**　选择土层较深、有机质含量高的沙质壤土，并且水、电、路均方便，空气新鲜，阳光充足的地点建园，选择园地以土壤pH6～8较为合适，并且周围没有污染源。

2. **定植前准备**　主要为挖定植沟、施基肥、起垄、建简易拱棚、铺设滴管和排水系统等工作。

（1）**挖定植沟施基肥**　种植沟宽80cm、深40～50cm，施足基肥，每667m² 用充分发酵后的农家肥（鸡、牛、羊粪）2～3t和石灰50kg，与底土混合均匀填入沟内。

（2）**开好畦沟，三沟配套**　围绕葡萄园四周开一条围沟，深80～100cm。整厢起高垄，宽2.5m、高25～30cm。开好深、宽各30cm以上畦沟；垄中设腰沟，深、宽各50～60cm。沟沟想通，方便排水，以保证大雨时园内不积水，雨停水干。

（3）**立架柱**　搭建好葡萄支架，在种植葡萄前，立好葡萄架柱，3～4m立一根柱，纵横对齐，柱顶成平面，避雨栽培均采用"双十字"V形架，以利通风透光。

图15-1　滴管设施（彭才庆 供图）

（4）**铺设滴管**　滴灌是一种半自动化的机械灌溉方式。种植幼苗前，必须装好滴管设施，实现水、肥一体化，使用时调至适当的压力，只要打开阀门，即可自行灌溉（图15-1）。

3. **定植**　开浅穴，宜浅栽，先年11月或当年2月种植均可。按规定的株距开浅穴，定植时将苗摆放在穴内，舒展根系，填土踏实；栽苗当天浇足定根水，每667m²栽苗300株左右（3年后间伐）。

二、幼苗期管理（定植—上架）

1.**抹芽**　葡萄抽生数条新梢，待最长新梢长至15～20cm时，选留一条粗壮的新梢培育成主干，抹除主干上的其他副梢。

2.**幼苗引缚**　用竹竿或吊绳引缚新梢（图15-2），不能让新梢倒地，否则葡萄长势缓慢，及时处理好多发的副梢，并除去杂草。

3.**摘心**　当苗高生长至80～90cm时第一次摘心（图15-3）。

图15-2　幼苗引缚（彭才庆 供图）　图15-3　幼苗第一次摘心（彭才庆 供图）

4.**施肥**　当幼苗生长到6～7叶、见卷须后开始施肥，每周1次，肥料先淡后浓。前期以高氮为主，并配以腐殖酸、海藻酸类，目的是提苗促根，促使葡萄培养强大根系群。

5.**病虫害防治**

（1）**霜霉病**　用80%必备800倍液+10%联苯菊脂3 000倍液+50%金科克4 000倍液，喷药时要尽可能做到细致周到，尤其是叶片背面，兼治黑痘病等。

（2）**黑痘病**　用50%保倍福美双1 500倍液＋37%苯醚甲环唑3 000倍液。用保倍福美双更好地保护，用苯醚甲环唑治疗，且可加量施用，彻底防治黑痘病。

三、新梢生长期管理（上架—开花）

1. **新梢管理（上架—花序分离）** 小苗生长至架面第一道钢丝时（80～90cm）摘心（图15-4），留新梢的顶端2条副梢，其余副梢抹除。

幼苗主梢生长至架面摘心　　　　　　　主梢顶端留2个一次副梢

图15-4　幼苗主梢摘心处理（彭才庆 供图）

图15-5　矮壮素催花效果
（彭才庆 供图）

（1）第一次使用矮壮素

①施用时期。5月上旬与第一次摘心同时进行。

②目的。促使主梢上端2个一次副梢上的冬芽形成花序（图15-5），并培养成来年的2个主蔓。当年冬剪时可以平剪，也可以留一芽修剪，第二年每个芽均有花。

③施用方法。叶面喷施矮壮素10mL兑水15kg，同时配以30%万保露800倍液+80%霜脲氰2 500倍液+50%狂刺3 000倍液。

（2）第二次使用矮壮素

①施用时期。当两条主蔓（一次副梢）生长至70～80cm（6～7叶）时摘心（图15-6）。

②目的。促使葡萄健壮生长，同时控制2条主蔓生长过旺，有利于当年及来年分化花芽。将2条主蔓绑缚在第一道钢丝上（图15-7、图15-8）。

图15-6　主蔓摘心
（彭才庆　供图）

图15-7　二条主蔓绑缚状（彭才庆　供图）

粗壮主干

粗壮主蔓

图15-8　第一年培养粗壮的主干与主蔓（彭才庆　供图）

③施用方法。叶面喷施矮壮素15mL兑水15kg+25%保倍1 500～2 000倍液+5%甲维盐1 500～3 000倍液（可兼杀天蛾幼虫、金龟子等）+80%霜脲氰2 000倍液+叶面肥，培育主干和2条一次副梢成为主蔓。

此时进入6月初，高温高湿，露水较重，容易爆发霜霉病，并且呈反复爆发状态。施药间隔时间明显缩短，由10d缩短为5d。

全园施用50%保倍1 500倍液+50%金科克1 500倍液。在用药后3～5d，再用一次80%必备800倍液（或+30%万保露800倍液）+80%霜脲氰2 000倍液。喷药时须做到叶片的正反面都要细致喷上药（图15-9）。

图15-9　叶片正反面喷药
（彭才庆　供图）

（3）第三次使用矮壮素

①施用时期。6月中旬，2条主蔓上的副梢（二次副梢）生长至3～4叶时（图15-10）。

②目的。促使葡萄健壮生长，同时控制副梢旺长，促进花芽分化。

③施用方法。用矮壮素10～15mL兑水15kg，加上保护剂万保露800倍液+精甲霜灵1 500倍液+联苯菊脂3 000倍液+锌硼氨基酸400倍液。

图15-10　主蔓上的副梢生长至3～4叶时
（彭才庆　供图）

图15-11　主蔓上的副梢超过第二道钢线（彭才庆　供图）

此时进入6月下旬，枝条超过第二道钢线（图15-11）。第二道钢线上的副梢摘心采用先短后长法，即在6月中旬副梢2～3叶时摘心；在7月初以后副梢5～6片叶时摘心（图15-12）。

说明：因此阶段大肥大水，枝条营养生长过快，节间过度伸长，此时若不摘心，容易抽生细嫩的豆芽枝条，导致花芽分化不良。

图15-12　枝条上第二道钢线后摘心、绑蔓状（彭才庆 供图）

（4）第四次使用矮壮素　待枝蔓生长至第二道钢丝时统一剪梢，叶片喷施矮壮素25mL兑水15kg+50%保倍福美双1 500倍液+37%苯醚甲环唑3 000倍液，全园喷雾，以促使花芽形成。

2. 施肥

（1）第一、二次叶面喷施矮壮素时土壤施肥　以平衡型肥料（每667m² 约5kg）为主，并配以腐殖酸（每667m² 生化黄腐酸钾2～3kg或者矿源黄腐酸钾0.5～1.0kg）、海藻酸（每667m² 施0.5kg）或氨基酸（每667m² 施1kg），改良土壤，提高肥料利用率。目的是壮苗，使枝蔓、叶片均衡生长，促进生根。

（2）第三、四次叶面喷施矮壮素时土壤施肥　以高磷型肥料（每667m² 施5kg）为主，并配以腐殖酸（每667m² 生化黄腐酸钾2～3kg或者矿源黄腐酸钾0.5～1kg）、海藻酸（每667m² 施0.5kg）或氨基酸（每667m² 施1kg），目的是壮苗、强根，促花芽分化，提高土壤中肥料的利用率。

3. 病虫害防治　用50%保倍福美双1 500倍液+40%嘧霉胺1 000倍液

+锌硼氨基酸400倍液防治病害。有灰霉病发生时用50%保倍福美双1 500倍液+50%腐霉利1 500倍液+嘧霉胺1 000倍液+锌硼氨基酸400倍液。

四、花期幼果管理（花序分离—果实套袋）

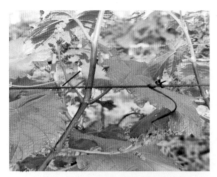

图15-13　摘除发育不良的花序
（彭才庆　供图）

图15-14　花序分离期拉花序
（彭才庆　供图）

1.疏花序　为了节省拉花序的劳动力及药剂成本，对于一个枝蔓上有2个花序的，可以摘除发育不良的花序（图15-13）。

经过上次剪梢处理后，出现了花序，各地视当地气候决定是否要留这批花序。

2.拉花　进入花序分离期，湖南省永州市蓝山县8月18日开始拉花序（图15-14）。

花序进入分离期即开始拉花序：用奇宝一包兑水30～40kg（视天气、温度）+必加2 000倍液+施佳乐1 000倍液+拉花助剂1号20mL、2号20mL，有利于拉长拉散花序，为疏果节约大量劳力，由传统的10个工减少到只需2～3个工，有利于提早上市（图15-15）。

拉花的重要性：夏黑葡萄因品种特性，自然坐果不好，必须用生长调节剂保果。在自然不拉花状况下果穗紧而密，疏果每667m²用工10个以上，大面积种植夏黑，花序不拉长、拉散，无法种植出优质果品。

拉长花序的各种生长调节剂选择：

（1）传统拉花序用药

①赤霉酸。生产上以赤霉酸（920）为主，现在较常用的是含量20%的赤霉酸（美国奇宝），主要作用是拉长穗轴。

②必加。非离子展着剂，主要作用是迅速均匀渗透细胞壁，提高药效。

（2）新型拉花序用药　新型拉花技术不仅具备传统以赤霉酸药剂为主拉长花序的功能，而且还可以横向拉长，解决传统疏果要往里面疏果的缺陷，达到直接整形的效果。

①拉花助剂1号。主要作用是增粗穗轴，横向生长，拉散花序。

②拉花助剂2号。主要作用是在不良天气下（低温、高温）平衡树体内各种激素。

注 意 事 项

　　拉花需注意：①在花序之上留3片叶摘心。②空气相对湿度保持在95%以上。③田间温度在20℃以上。

新型拉花48h的效果　　　　　新型拉花80h的效果　　　　　传统拉花效果

新型拉花技术效果

图15-15　高温下拉花效果比较（彭才庆　供图）

3.**花穗整形** 见花或花前1～2d，花序肩部几条较长分枝（岐肩）用双手掐去花蕾，留约1cm花蕾，使果穗成圆筒形，花序长短不整（图15-16）。

4.**保果** 花帽开始脱落，需适时保果。在湖南省永州市蓝山县于9月1日开始保果（图15-17）。用果实膨大剂"大果宝"10mL兑水3～4kg，低浓度保果（视天气温度兑水），浸蘸果穗，作用是去核和保果。果实膨大剂中混配必加2 000倍液＋嘧霉胺1 000倍液或者22%抑霉唑1500倍液，可有效防治灰霉病和穗轴褐枯病。

图15-16 掐去花蕾
（彭才庆 供图）

图15-17 9月1日开始保果
（彭才庆 供图）

图15-18 适时疏果（彭才庆 供图）

5.**疏果** 保果之后、能分清果粒大小时开始疏果，疏去小粒果、过密果，每穗留果70～80粒（图15-18）。

疏好果穗后，用25%保倍1 500倍液＋37%汇优3 000倍液＋22%凡碧保1 500倍液＋5%夜袭3 000倍液＋多肽氨基酸2 000倍液蘸果穗。

6. 果实膨大处理

（1）适时膨果　保果后10d左右开始膨果（图15-19），在湖南省永州市蓝山县于9月8日开始膨果，用果实膨大剂"大果宝"10mL兑水1kg浸蘸，并喷施22%抑霉唑1 500倍液+汇葡5 000倍液+必加2 000倍液+10%联苯菊脂3 000倍液（若有害虫）。

图15-19　适时膨果（彭才庆 供图）

（2）土壤施肥　滴灌每667m^{2}用雷博士牌高钾型水溶肥2～3kg，间隔6～10d施一次，连施2次。土壤酸化严重的果园，在用雷博士牌高钾型水溶肥的基础上，每次另外加入25%～50%（按总重量）的雷博士牌高钙镁型水溶肥，用来调节土壤pH。

目的：促使果实迅速膨大，此时要求大肥大水的管理方法（图15-20）。

7. 果实套袋

疏好果穗后，用25%保倍1 500倍液+37%汇优3 000倍液+22%凡碧保1 500倍液+5%夜袭3 000倍液+多肽氨基酸2 000倍液蘸果穗或细致喷果穗，待果穗上的药液干后及时套袋。

8. 病虫害防治

叶片及果实上发现白粉病、霜霉病（图15-21，图15-22）时需及时防治。叶面喷施：50%保倍福美双1 500倍液+预防或治疗白粉病及霜霉病药剂+50%狂刺3 000倍液。

图15-20　膨果后2d的生长状况
（彭才庆 供图）

图15-21 白粉病（*彭才庆 供图*）

图15-22 霜霉病（*彭才庆 供图*）

9. **施肥**　每667m² 用高氮型水溶肥5kg，并配以腐殖酸（每667m² 生化黄腐酸钾 2～3kg 或矿源黄腐酸钾 0.5～1kg）、海藻酸（每667m² 施 0.5kg）或氨基酸（每667m² 施 1kg）。

10. **适时摘心、抹副梢**　适时摘心、抹副梢，以减少营养消耗。每穗果穗保持叶片15～18片，保持叶果比（图15-23）。

图15-23　适时摘心，抹副梢
（彭才庆 供图）

五、果实膨大期管理（果实套袋—采收）

1.肥水管理

（1）**硬核期**　葡萄进入硬核期（图15-24、图15-25），每667m² 用 1 次雷博士牌高钾型水溶肥 3kg。

图15-24　硬核期施肥
（彭才庆 供图）

图15-25　二次膨期施肥
（彭才庆 供图）

①每667m²产1 000kg适用。每667m²用雷博士牌高钾型水溶肥6kg+雷博士牌高钙镁型水溶肥3kg+土之道2kg，滴灌分2次，间隔8d一次，冲施可以一次完成。

②每667m²产1 500kg适用。每667m²用雷博士牌高钾型水溶肥8kg+雷博士牌高钙镁型水溶肥4kg+土之道2kg，滴灌分2次，间隔8d一次，冲施可以一次完成。

（2）转色期　每667m²用雷博士牌高钙镁型水溶肥4kg+多肽氨基酸1kg。

①每667m²产1 000kg适用。（图15-26）。

②每667m²产1 500kg适用。每667m²用雷博士牌高钙镁型水溶肥5kg+多肽氨基酸1kg。

图15-26　转色期施肥　　　　　图15-27　转色期喷药
　　（彭才庆 供图）　　　　　　　（彭才庆 供图）

2.**病虫害防治**　转色期用1.8%辛秀安800倍液+10%联苯菊酯3 000倍液喷施（图15-27）。发现白粉病改用50%保倍福美双1 500倍液+37%汇优3 000倍液+70%甲基硫菌灵800倍液喷施。

进入成熟期，需预防酸腐病，摘袋前用80%水胆矾石膏800倍液+杀虫剂喷施树冠，10d后再用一次80%水胆矾石膏800倍液喷施树冠（图15-28、图15-29）。

图15-28 果穗摘袋前树冠喷药 图15-29 成熟期预防酸腐病（彭才庆 供图）
（彭才庆 供图）

六、采后管理

1.病虫害防治 采果后立即用1次50%保倍福美双1 500倍液，有白粉病的加用40%氟硅唑4 000倍液。揭膜后再用1次50%保倍福美双1 500倍液，或者1 : 2 : 200波尔多液。

2.施肥 每667m²用经高温发酵的优质有机肥2 ~ 8m³，或者优质生物有机肥2 ~ 3t，根据土壤的有机质含量调整用量，在葡萄行间开沟，沟深40cm以上，离主干约50cm，施入的有机肥要与回填土充分混匀。或者每667m²用500kg雷博士牌生物炭土壤改良剂+尿素5kg+钙镁磷10kg（或者过磷酸钙10kg，仅限于酸性土壤）均匀撒于地表，用耕深30cm以上的旋耕机将土壤与肥料充分混匀，之后适当灌水。在葡萄落叶前15 ~ 30d，叶面喷施锌硼氨基酸400倍液，间隔7d，连用2次。

3.冬季修剪 12月下旬至翌年1月上中旬冬剪。

第一年2芽为主短梢修剪（第二年冬剪开始5芽为主中梢修剪）（图15-30）。

图15-30 第一年冬留2芽为主短梢修剪（彭才庆 供图）

第二年每株留枝8条、约40个芽。结果母枝均匀弯缚在架面上，两株间留20cm空档。

修剪后注意清扫田间，把枯枝落叶清理出果园，将剪下的枝条粉碎后高温发酵做堆肥或深埋。

湖南省永州市蓝山县当年定植的夏黑无核葡萄，由于采用上述栽培技术，于2014年11月8日上午由湖南省葡萄协会组织专家现场验收，每667m²产果1 544kg（图15-31）。"夏黑无核葡萄当年种植当年丰产高效栽培技术研究与示范"项目于2016年4月获永州市科技进步二等奖（图15-32）。

图15-31 夏黑无核葡萄当年种植当年丰产状
（石雪晖 供图）

图15-32 获奖证书
（彭才庆 供图）

（编者：彭才庆）

附录 1

2019 年湖南省怀化地区高山葡萄病虫害防治规范

本防治规范是中国农业科学院植保所葡萄病虫害研究中心、全国葡萄病虫害防治协作网，在研究湖南省怀化地区过去几年气候和病虫害发生情况的基础上，结合病虫害自身发生特点制定，仅供葡萄种植者参考。方案措施要根据气候等实际因素做灵活调整。

一、病虫害防治

全国葡萄病虫害防治协作网保留所有权，且有权根据气候变化、病虫害发生状况等在不同年份进行调整，并负责解释。

时　期		预防措施	说　明	调　整
绒球吐绿期		3～5波美度石硫合剂	喷药时尽量均匀周到，枝蔓、架、铁丝、田间杂物都要喷洒药剂，吐绿期使用不要过早	如果雨水较多，石硫合剂换成波尔多液
2～3叶期		30%万保露800倍液70%甲基硫菌灵1000倍液	发芽前用石硫合剂杀灭介壳虫的基础上，用狂刺针对介壳虫和绿盲蝽进行防治，兼顾其他害虫	有螨类危害时，狂刺换为22%噻虫朗2000倍液或5.0%阿维菌素3000倍液
花序展露期		保倍福美双800倍液保倍硼2000倍液20%金乙霜500倍液噻虫朗2000倍液	保倍福美双全面保护，霜脲氰及时压低霜霉病病菌基数，联苯菊酯连续跟进防控前期盲蝽、蓟马、蚜虫等虫害。雨水前或者雾气较大时用药，效果更佳	阴天较多，灰霉病易发生时，加用40%甲保时绿1000倍液

（续）

时　期	预防措施	说　明	调整
花絮分离期	保倍福美双800倍液 葡盾1 000倍液 腐霉利1 000倍液 21%保倍硼2 000倍液	此时期是花前预防霜霉病、灰霉病的重要防治点，也是补硼（防治大小粒和防治落花落果）的重要时期	霜霉病感染花穗：葡盾1 000倍液或保倍1 500倍液＋金科克1 500倍液以花穗为重点喷施
开花前	保倍1 500倍液 40%金科克2 000倍液 补佳500倍液	选用保倍福美双，兼顾多种病害且持效长，保护整个花期安全	花后有蓟马或螨类为害的果园，此时加用22%噻虫朗2 000倍液或狂刺1 500倍液
开花期	一般不使用农药	开花期间使用农药会影响葡萄授粉，减少果内种子数量，出现大小粒；非杀菌剂农药（叶面肥、杀虫剂）的使用有时会加重灰霉病	有烂花序时，25%保倍1 500倍液＋22%抑霉唑3 000倍液喷花序，注意要在晴天下午施药，天黑前停止施药
落花后2～3d	30%保倍福美双800倍液 20%金乙霜500倍液 40%保时绿1 000倍液	谢花后及时防控灰霉病和霜霉病	雨水较多，出现霜霉病上来：保倍750倍液＋金科克1 500倍液浸蘸果穗，之后全园喷施葡盾1 000倍液＋金乙霜500倍液
花后15d	30%保倍福美双800倍液 40%汇优4 000倍液 补佳500倍液	小幼果期是预防炭疽病的关键时期，炭疽病菌在落花后随雨水飞溅，侵入葡萄小幼果，潜伏至成熟期发病	有绿盲蝽的果园，介壳虫、蓟马严重的果园，加用21%狂刺1 500倍液
花后25d	三联包15kg水 金科克2 000倍液	封穗前需要彻底解决霜霉病、灰霉病、炭疽病等病菌，使用时要以果穗为重点喷施	有蛾类幼虫为害果穗的，加用5%甲维盐3 000倍液
花后35d	30%保倍福美双800倍液 40%腈菌唑4 000倍液 补佳500倍液	保倍福美双常规保护，同时此时是补充钙肥的关键时期，防止裂果和气灼，同时促进果穗增糖上色	如果雨水大，加上霜霉病的治疗剂金科克2 000倍液

（续）

时　期		预防措施	说　明	调　整
转色期		必备600倍液+72%佑葡800倍液 10～15d后：万保露600倍液+磷酸二氢钾1 000倍液	套袋后用万保露或保倍福美双预防霜霉病、褐斑病、白腐病等，综合保护性能好	如果出现叶片黄化缺素则土之道每667m² 冲施5kg，同时叶面喷施补佳600倍液，间隔1～2d连续喷施3次
花后75d至采收		辛秀铵600倍液葡盾1 000倍液	辛秀安水剂对炭疽病、白腐病等病害防效优异，同时剂型先进，没有药斑，并能促进果粉增加	如果有炭疽病、白腐病、灰霉病发生时，用辛秀安600倍液+22%抑霉唑1 500倍液处理果穗
采收后至落叶		保倍1 500倍液或者必备800倍液间隔10～15d一次	采收后要保护好叶片，为树体储存营养	

注：预防措施药剂一般选择其中1种在某一时期仅使用1次。

二、救灾性措施

1．花期出现烂花序　施用30%保倍福美双800倍液+50%腐霉利1 000倍液+40%保时绿（嘧霉胺）800倍液+补佳500倍液。

2．花期同时出现灰霉病和霜霉病侵染花序　施用25%保倍1 500倍液+50%腐霉利1 000倍液+40%保时绿（嘧霉胺）800倍液+40%金科克1 500倍液+补佳500倍液。

3．发现霜霉病的发病中心　在发病中心及周围使用1次40%金科克1 500倍液+25%保倍1 500倍液；如果霜霉病发生比较严重或比较普遍，先使用1次40%金科克1 500倍液+铜一600倍液，3d左右使用10%葡盾1 000倍液+20%金乙霜500倍液，4d后使用保护性杀菌剂。而后8d左右喷1次药剂，以保护性杀菌剂为主。

4．如果褐斑病发生普遍或气候湿润有利于褐斑病的发生　采用如下防治方法：第一次用30%保倍福美双800倍液+40%汇优（苯醚甲环唑）3 000倍液；5d后（最好不要超过5d）施用30%万保露600倍液+40%氟硅唑6 000倍液，以后正常管理。

　　褐斑病的防治，葡萄生长中期的保护性杀菌剂施用非常关键，如果中期防治措施到位，褐斑病不会大发生。

　　5.**出现白腐病**　剪除病穗，而后施用40%汇优3 000倍液+30%保倍福美双800倍液，重点喷洒果穗；之后用30%万保露600倍液、30%保倍福美双800倍液等保护性杀菌剂进行规范防治。

　　6.**出现冰雹**　8h内施用40%氟硅唑8 000倍液+30%保倍福美双800倍液，重点喷果穗和新枝条。

　　7.**发现果实腐烂比较普遍时**　摘袋，使用25%保倍1 500倍液+40%汇优3 000倍液+22%抑霉唑1 500倍液涮果穗，药液干后换新袋子重新套上。

　　出现这种情况，说明：①套袋前的药没有用好。②套袋时套的质量出了问题。③袋子质量出了问题，疏水性不好，这三个环节有一个或多个没有做好。上述药剂处理后，同样要注意②、③环节的工作。

　　8.**发现溃疡病**　枝条发现溃疡病时，可以用50%腐霉利1 000倍液+汇葡1 500倍液，5d后再跟进1次30%保倍福美双800倍液+40%氟硅唑6 000倍液。如果果穗上发现溃疡病，摘袋后用22%抑霉唑1 500倍液+汇葡1 500倍液浸果穗，药水干后，换新袋子套上。

　　9.**后期发生炭疽病**　马上全园施用40%汇优3 000倍液+25%保倍1 500倍液，5d后再单用1次1.8%辛秀安600倍液，再过5d后施用1次25%保倍1 500倍液。以后可以根据采收期决定施用的药剂和次数。如果第一次药后遇雨，雨停后马上补施40%汇优3 000倍液+25%保倍1 500倍液，3d后施用一次1.8%辛秀安600倍液，5d后视情况用药。

　　特别说明：对于藤稔、夏黑、高妻这三个葡萄品种，在连阴天或寡日照时，施用苯醚甲环唑时有药害，而晴天施用较安全。

三、农药的混合施用

1.农药混配原则

　　(1)要根据防治需要、病虫害的发生程度、天气和想要达到的目的选择农药、叶面肥　配药公式大致为保护剂+治疗剂+杀虫剂+叶面肥。通常情况下，最重要的是保护剂，其次是治疗剂、杀虫剂，最后是叶面肥。没有病虫害时，只用一种保护剂就可以；当病害压力大、将要大发生时，需要加上治疗剂。一般情况下治疗剂选一种就够了，当大面积发生或久治不愈时才考虑2种，3种或3种以上最好不要考虑；如果有虫害，需要加上杀虫剂；根据田间葡萄长势，可适当加入叶面肥。

（2）选择混配农药、化肥不能起反应　自制波尔多液显碱性，与多数农药混配都会起反应，一般情况下，施用波尔多液7d后才可以施用其他农药；成品铜制剂与氨基酸混配时，会发生反应生成络氨铜，一般情况下不影响使用，但露水较重时易产生药害；代森锰锌与糖醇螯合的微量元素肥料混用时，悬浮率大幅降低；代森锰锌与有机硅混用时易产生药害，目前反应机理尚不清楚。

2. 农药混配方法

（1）单个二次稀释　一次稀释一个，禁止将几种药同时进行二次稀释，或者直接倒入药缸内，然后加水搅拌。

（2）顺序　先固体、后液体。有肥料时，先配肥料，比如有磷酸二氢钾、锌肥、硼肥、钙肥时，无论肥料是固体还是液体，先把肥料配好。

3. 农药稀释　在稀释农药或者微肥时，一般会遇到两种使用倍数，一种是稀释多少倍，一种是多少克每667m^{2}或每公顷。标注稀释倍数的直接稀释，密度不知道时，可粗略按照1mL=1g计；如果标注是多少克每667m^{2}或每公顷，不存在与稀释倍数上的换算关系。遇到这种情况，需向经销商咨询，不要随意使用。微量元素可按每667m^{2}使用量进行使用。

附录2

2019年南方避雨栽培葡萄病虫害防治规范

本防治规范由全国葡萄病虫害防治协作网为湖南避雨套袋栽培的葡萄制定。

本防治规范的所有权归所有参与本防治规范的制订的单位和参加人员。

中国农业科学院植保所葡萄病虫害研究中心及全国优质葡萄病虫害防治协作网有关专家，有权根据气候变化、病虫害发生状况等，在不同年份进行调整，并负责解释。

一、南方葡萄避雨套袋栽培主要病虫害

1. **灰霉病**　简单避雨栽培发生概率比露地栽培发生概率大大减低，但仍然是在花序分离至落花前、成熟期造成麻烦的重要病害，一般情况下必须防治。避雨促成栽培，因开花前后棚内湿度大，灰霉病比露地栽培严重，是最重要的病害。果穗过紧的品种后期的挤裂伤往往会发病严重。

2. **霜霉病**　秋梢期如果已经揭去顶膜，在秋梢上仍会发病，需用药防治；秋季昼夜温差大，导致结露，也是后期霜霉病爆发的因素。

3. **酸腐病**　南方避雨栽培的主要病害之一，尤其是容易出现伤口的果园（容易裂果的品种、遭受鸟害和虫害的葡萄、后期有挤裂伤的葡萄、白粉病比较重的葡萄），需要注意提前做好预防。

4. **杂菌造成的烂果**　在湿度大、皮孔等汁液外流的条件下，腐霉、曲霉、青霉等杂菌污染果实，造成部分或整个果穗的腐烂。

5. **白粉病**　避雨栽培下，十分有利于白粉病的爆发流行。白粉病在避雨栽培条件下有逐年加重趋势，是南方避雨栽培的主要病害之一。

6. **溃疡病**　个别果园可能有溃疡病发生，容易误认为是白腐病，需要做好预防工作，发生溃疡病的，要按照救灾措施处理。

7. **康氏粉蚧**　康氏粉蚧危害较重，套袋前后均有发生，尤其要注意套

袋后为害果穗。

8.透翅蛾　个别园子有发生，冬、夏修剪时要注意带虫枝条。

二、规范化防治措施

1.简表

时　　期		预防措施	备　注
绒球期		5波美度石硫合剂	使用前清园剥除老树皮
发芽后至开花前	2～3叶	30%万保露800倍液+10%快喜（烯啶虫胺）1 000倍液+补佳300倍液	有螨类的加阿维菌素5 000倍液 灰霉病压力大的可在见初花用汇葡或灰泽+抑霉唑单独点花
	花序展露	30%万保露800倍液+甲基硫菌灵1 000倍液+狂刺1 500倍液+补佳500倍液	
	花序分离	30%保倍福美双800倍液+嘧霉胺1 000倍液+补佳500倍液（藤稔品种保福改为保倍）	
	开花前（见初花）	酯润2 000倍液+腐霉利1000倍液+21%保倍硼3 000倍液（+杀虫剂）（藤稔品种酯润改为保倍）	
谢花至封穗前	谢花后2～3d	30%保倍福美双800倍液+40%保时绿1 000倍液+补佳500倍液（藤稔品种保福改为保倍）	落花后至套袋前主要保护果穗，主要问题有炭疽病、白腐病和日烧、气灼等，因此，保护加治疗还需兼顾钙肥等营养的补充。往年炭疽病压力大的果园氟硅唑8 000倍液改为秀爽1 000倍液
	谢花后12d	25%保倍1 500倍液+腈菌唑5 000倍液+保倍钙1 000倍液+多肽氨基酸2 000倍液	
	谢花后15d	30%万保露600倍液+氟硅唑8 000倍液+多肽氨基酸1 500倍液	
	套袋前	三联包+保倍钙1 000倍液（重点喷布果穗），有虫子加杀虫剂（狂刺、甲维盐等）	此阶段如果需要使用调节剂，最好单用
封穗至转色	套袋后	30%万保露600倍液+磷酸二氢钾500倍+多肽氨基酸1 500倍液	雨季来临，湿度较大，霜霉病压力大，添加1～2次霜霉病治疗剂如金科克2 000倍液、金佰霜3 000倍液等，炭疽病有压力的添加一次秀爽1 000倍液
	套袋8d后	30%保倍福美双800倍液+磷酸二氢钾500倍液（藤稔品种保福改为保倍）	
	转色期	辛秀安800倍液+噻虫朗2 000倍液	

（续）

时　期		预防措施	备　注
转色～成熟	上次药后10d	万保露600倍液+辛秀安800倍液	预防酸腐病，使果面干净漂亮，有酸腐病应改为铜一600倍液+噻虫朗2 000倍液
采收后	采收后—揭膜	铜一600倍液+金科克2 000倍液	采收后注意保护叶片不受霜霉病、褐斑病等侵害，使叶片尽可能晚落
	揭膜后	铜一600倍液+（霜霉病治疗剂）	

注：每个生长时期所对应的单个或多个药剂为该时期防控方案组合，出现两个或两个以上药剂的要按照附录中"农药混配原则"（见298～299页）进行混配使用，每个药剂在该时期只使用一次，不可重复使用。

2. 规范措施的解释、说明、气候或其他情况变化后的调整

（1）发芽前　发芽前清园是降低田间病原菌基数的重要措施，清园对象主要是介壳虫、螨类、白粉病、灰霉病。介壳虫主要在皮下，施药前最好拔除老皮；螨类、白粉病菌主要在芽的鳞片内，因此，绒球前施药效果不理想。

措施：5波美度的石硫合剂喷雾。

要求：喷洒时应均匀周到，枝蔓、架、田间杂物都要喷洒药剂，介壳虫严重的扒掉老树皮再用药。

（2）2～3叶期　防治绿盲蝽、蓟马、蚜虫等的有利时期，绿盲蝽一年发生5代，此时降低虫口数量会减轻全年的防治压力。

措施：30%万保露800倍液+10%快喜（烯啶虫胺）1 000倍液+补佳300倍液。

要求：早上或傍晚用药，田间地头的杂草也要用上药。

（3）花序展露期　花序发育和伸长的重要时期，因此，不能忽视叶面营养的补充。

措施：30%万保露800倍液+甲基硫菌灵1 000倍液+狂刺1 500倍液+补佳500倍液。

调整：有黑痘病的，加用40%氟硅唑8 000倍液。

（4）花序分离期　花序分离期是红提灰霉病的敏感期和高发期之一，同时也是补硼、补锌、补钙的关键时期之一。

措施：30%保倍福美双800倍液+嘧霉胺1 000倍液+补佳500倍液。

（5）开花前　开花前用药既要防治此时的病害，又要保证花期不出现

病虫害危害，保护剂的选择需要考虑多个方面，既要广谱高效，还要作用时间长，对花安全；治疗剂主要考虑解决烂花序的问题；有蓟马、绿盲蝽危害的果园，加用联苯菊酯，兼顾金龟子、螨类。

措施：酯润2 000倍液+腐霉利1 000倍液+21%保倍硼3 000倍液（+杀虫剂）（藤稔品种酯润改为保倍）。

调整：灰霉病重的果园，在先用1次汇葡1 500倍液+22%抑霉唑1 500倍液喷花序，再用上述方案；有虫害的，加用22%噻虫朗2 000倍液。花前灰霉病严重的可以使用汇葡1 500倍+腐霉利1 000倍+补佳300倍液。

（6）谢花后2 ~ 3d　谢花后是介壳虫、斑衣蜡蝉、透翅蛾等害虫防治点；杀菌剂既要不伤害果皮，又要解决残留在花梗、花器上的灰霉病菌。

措施：30%保倍福美双800倍液+40%保时绿1 000倍液+补佳500倍液（藤稔品种保福改为保倍）。

调整：介壳虫重的加用24%螺虫乙酯4 000倍液，虎天牛、透翅蛾、小蠹类等危害严重的加用苯氧威1 000倍液。

（7）花后12 ~ 15d　落花后半个月，会有白粉病、炭疽病、白腐病等病害的侵染与发生，用药较早，红提葡萄果皮会比较敏感，施药时需要注意不能对果面造成伤害；有介壳虫或棉铃虫等的果园，还要加用杀虫剂。另外地下水位高、根系浅、土壤黏重、施肥量过大等容易引起气灼，出现气灼后，不要再高温时疏果或套袋。

措施：25%保倍1 500倍液+腈菌唑5 000倍液+保倍钙1 000倍液+多肽氨基酸2 000倍液。

调整：有介壳虫的果园，加用24%螺虫乙酯4 000倍液或加用3%苯氧威1 000倍液；有霜霉病感染幼果的果园，马上用1次25%保倍1 500倍液+40%金科克1 000倍液细致喷果穗，用过药后最好剔除病果。

（8）上边药后15d　周围种植有棉花的，注意防治棉铃虫。

措施：30%万保露600倍液+氟硅唑8 000倍液+多肽氨基酸1 500倍液。

调整：对于往年白粉病压力较大，或者雨水大出现炭疽病的可以添加12.5%腈菌唑4 000倍液。

（9）套袋前　封穗前用药重点是果穗，保证封穗后果穗安全，必须能够兼顾导致烂的杂菌、灰霉病菌及镰刀菌和链格孢造成的烂果、干梗，还要注意蛀食果梗和果实的害虫。

措施：三联包+保倍钙1 000倍液（重点喷布果穗），有虫子加杀虫剂

（狂刺、甲维盐等）。

调整：介壳虫危害较重的果园，加用狂刺1 500倍液涮或喷果穗；有鳞翅目幼虫为害的，加用22%噻虫朗2 000倍液。

（10）封穗至转色　封穗后，保护叶片不受病害侵扰和补充叶面营养是田间管理的重点，营养以促进增糖上色和花芽分化为主，适当进行叶面补钙可以提高光合作用。

（11）套袋后

措施：30%万保露600倍液+磷酸二氢钾500倍液+多肽氨基酸1 500倍液。

（12）8～10d后

措施：30%保倍福美双800倍液+磷酸二氢钾500倍液（藤稔品种保福改为保倍）。

（13）转色期

措施：辛秀安800倍液+噻虫朗2 000倍液。

调整：有醋蝇的果园，用80%敌敌畏300倍液喷地面，选择无风的晴天施用。

（14）转色至成熟　此时用药，要考虑食品安全问题，且不能伤果粉。选用辛秀安水剂残留低，不伤果粉，且能杀灭真菌、细菌和病毒。对红宝石等品种，因裂果导致酸腐病较重，应在摘袋前，把田间的灰霉病菌彻底清理，地面及杂物都要用药。

措施：万保露600倍液+辛秀安800倍液。

（15）采收期　采收期一般不能使用农药，出现病害则主要是白腐病、炭疽病、灰霉病、溃疡病和酸腐病，为了保证食品安全，保证葡萄的商品价值，此时用药只选择消毒剂或保鲜剂。

（16）采摘后至落叶　落叶前才揭去薄膜的，可以不用药。

由于薄膜容易老化，在使用一个季节后透光率往往显著下降，有些甚至可降至50%。因此，在采收之后应尽快揭去薄膜，改善葡萄的光照。但揭膜之后葡萄就处于露天之下，病害可能加重，尤其是对欧亚种葡萄。葡萄采收后病虫害的防治非常重要，但往往被忽视。

措施：第一次30%保倍福美双800倍液+40%氟硅唑5 000倍液+金科克2 000倍液。

第二次30%万保露800倍液+保倍硼2 000倍液。

第三次铜一600倍液+20%金乙霜300倍液。

调整：采后补硼可以促进根系发育，花芽分化不好的，喷药时还可以加入磷酸二氢钾。

（17）修剪后　彻底清扫果园，把枯枝烂叶清出田外，高温堆肥或烧毁。

3.救灾措施

（1）花期灰霉病侵染花序　汇葡1 500倍液（或者38%开特施2 000倍）+22%抑霉唑1 500倍液喷花序。

（2）花期霜霉病侵染花序　25%保倍1 500倍液+22%抑霉唑1 500倍液+40%金科克2 000倍液喷花序。

（3）发生酸腐病　刚发生时马上全园施用1次22%噻虫朗2 000倍液+1.8%辛秀安（美铵）600倍液，然后尽快剪除发病穗，收集后带出田外，挖坑深埋；另外在没有风的晴天时，用80%敌敌畏300倍液喷地面（要特别注意施药时的人身安全），用来杀死醋蝇，对于醋蝇较多的果园，可以在全园用药时加入20%灭蝇胺500倍液，以更好地杀灭蝇蛆。

辅助措施：可以糖醋液加敌百虫或其他杀虫剂配成诱饵，诱杀醋蝇成虫（为了使蝇更好的取食诱饵，可以在诱饵上铺上破布等，以利蝇子停留和取食）。

（4）霜霉病严重　第一次用药，25%保倍1 500倍液+金科克2 000倍液。

2d后第二次用药，霜矛（加霜矛助剂）1 000倍液。

2d后第三次用药，葡盾1 500倍+金乙霜1 500倍液。

（5）发生炭疽病　25%保倍1 500倍液+秀爽1 000倍液，5d后用1.8%辛秀安600倍液+22%抑霉唑1 500倍液。炭疽病主要在成熟期果穗上发病，因此喷药重点是果穗。

（6）发生溃疡病　枝条发现溃疡病时，可以用50%腐霉利1 000倍液+汇葡1 500倍液，5d后再跟进1次30%保倍福美双800倍液+40%氟硅唑6 000倍液。如果果穗上发现溃疡病，摘袋后用22%抑霉唑1 500倍液+汇葡1 500倍液浸果穗，药剂干后，换新袋子套上。

三、防治规范所提到的药剂的说明

1.杀菌剂

（1）石硫合剂　发芽前用5波美度石硫合剂，发芽后针对白粉病，要用0.2波美度。45%的石硫合剂稀释15～20倍约5波美度，稀释500倍约0.2波美度。

（2）万保露　30%代森锰锌悬浮剂，安全性好，幼果期可以放心施用，耐雨水冲刷，可以用在雨季保护叶片。

（3）保倍福美双　一种综合性能好的保护剂，对白粉病、霜霉病、炭疽病、灰霉病、白腐病等几乎所有真菌病害都有较好防效，而且持效长、对幼果安全、药斑轻。一般用在花前花后、雨季来临前等时期。

（4）保倍　一种线粒体呼吸抑制剂，几乎对所有真菌病害有效，持效15～20d，有刺激生长作用，一般在霜霉病发生前用1次25%保倍1 500倍液可以保护葡萄15d内不生霜霉病，如果在第一次用过保倍后的第十五天再用1次25%保倍1 500倍液，可以再保护20d不生霜霉病。在葡萄上主要用在对果穗的处理（保护果穗）和雨季来临后对叶片的持久保护，大果园用人紧张时，减少施药次数。

（5）酯润　甲氧基丙烯酸酯类杀菌剂，兼具保护和治疗，杀菌谱广，对常见真菌性病害都有很好的防治效果，尤其对灰霉病、白粉病、霜霉病等病害防效优异。另外，酯润还具有增产提质的作用。一般使用2 000倍液，禁止在藤稔品种上使用。

（6）抑霉唑　内吸性好的治疗剂，对灰霉病、白粉病及杂菌效果好，毒性低。

（7）金科克　40%烯酰·霜脲氰，金科克是烯酰吗啉类霜霉病的内吸性治疗剂，是目前防治霜霉病的最优秀药剂之一，一般用1 500～4 000倍液。

（8）葡盾　10%氰霜唑，霜霉病优秀治疗剂，兼具保护性能，一般使用1 000倍液。

（9）20%金乙霜　20%霜脲氰，内吸性好，对霜霉病防治效果优秀，一般用300～500倍液。

（10）58%霜矛　内吸性好，含保护剂对霜霉病效果十分优异。一般用1 000倍液。

（11）40%汇优　水分散粒剂，药斑轻，不会抑制生长，不伤果粉，对白粉病、炭疽病、白腐病、褐斑病等效果好。一般用2 000～3 000倍液。

（12）40%氟硅唑　乳油，一般用8 000倍液，对白粉病、白腐病、炭疽病等有效，如果用植物油作溶剂，也不会伤害果粉。

（13）40%保时绿（嘧霉胺）　悬浮剂，对灰霉病有效，一般用800～1 200倍液，气温高于30摄氏度时，要用1 000倍液以上。

（14）汇葡　作用机理独特，以触杀为主，对溃疡病、灰霉病及杂菌效果优异，持效长、安全性好。

（15）辛秀安　季铵盐类杀菌剂，对真菌、细菌、病毒有效。在葡萄上一般用600～800倍液田间喷雾，用于对修剪工具、苗木等消毒时，用200倍液。水剂，无药斑。

（16）70%甲基硫菌灵　又称"甲托"，一般用800～1 000倍液。对灰霉病、穗轴褐枯病、白粉病等病害有效。

（17）50%腐霉利　一种兼有保护和治疗作用的内吸性杀菌剂。主要针对灰霉病、菌核病等，对葡萄安全。50%腐霉利一般用1 000～1 500倍液。

（18）30%铜一　波尔多液，中性液，可以和杀虫剂、杀菌剂及叶面肥混用。施用方便，药斑轻，安全性好。一般用600～800倍液。

2.杀虫剂

（1）狂刺　葡萄上主要针对介壳虫、蓟马、白粉虱、叶蝉、绿盲蝽等害虫。叶面喷雾一般用1 500倍液，土壤处理可以每667m² 用40～60g，随灌水施入。

（2）苯氧威　保幼激素活性的杀虫剂，微毒，只对幼虫或卵有效，用于防治介壳虫等多种虫害。

（3）10%联苯菊酯　触杀性菊酯类杀虫剂，毒性低，残留低。一般用3 000倍液。

（4）22%噻虫朗　噻虫嗪与高氯氟氰聚酯的复配制剂，对刺吸式口器害虫如蓟马、绿盲蝽、介壳虫和鳞翅目幼虫如青虫、蛾类等有优异的杀虫效果，一般使用2 000倍液。

（5）24%吸而盾　24%螺虫乙酯，内吸传导性好，虫螨兼治，持效期长，介壳虫严重的使用4 000倍液有较好的效果。

（6）20%灭蝇胺　昆虫生长调节剂，对蚊蝇幼虫有效，毒性低。在葡萄上主要用于酸腐病防治中控制醋蝇幼虫。内吸性好，根茎叶都能吸收。一般用500倍液。

（7）5%甲维盐　主要用于对鳞翅目幼虫的防治，在葡萄上一般用1 500～3 000倍液。

（8）70%吡虫啉 主要用于蚜虫、蓟马和叶蝉等的防治，一般用7 500倍液。

3. 营养剂

（1）多肽氨基酸 雷博士牌多肽氨基酸水溶性好，可以喷施（1 500倍液），也可以随水滴灌（每667m² 1kg），施用方便。可用于葡萄整个生育期，提高抗冻抗逆性，提高果实品质，促进根系伤害后的恢复以及光照不足时对葡萄的营养补充。

（2）补佳 含钙、锌、硼等多种微量元素的复合氨基酸，氨基酸含量高，有利于增强叶片光合作用，和促进果实增糖上色。一般使用800倍液。

（3）锌硼氨基酸 锌硼氨基酸是全国葡萄病虫害防治协作网为网员量身定做的叶面肥，不含任何激素，对葡萄安全，所含氨基酸量超过相关标准。含有的锌、硼元素，有利于在开花前后促进花、果的发育，减少大小粒。连续施用几次以后，葡萄叶片变厚，叶色深绿，植株健壮而不会疯长，果粉好，上色早，糖度高，口感明显比没有用过的好。

（4）21%保倍硼 含硼高，混配性好，易吸收。一般用2 000倍液。

（5）保倍钙 含钙高，吸收性能好的钙肥。可以用500 ~ 2 000倍液。在葡萄上，一般用1 000倍液叶面喷施。

（6）优质磷酸二氢钾 含量98%以上的优质磷酸二氢钾，可以叶面喷施，也可以冲施，叶面喷施用300 ~ 1 000倍液，用于防冻、增糖、治叶片黄化。

（7）土之道 生化小分子有机酸，经科学工艺加工和提纯，含量高，水溶性好，用量少，在葡萄上主要用于防冻害、防干热风、抗旱、减少气灼、改良土壤增加土壤离子交换量从而提高肥料利用率等方面。可1 500倍液叶面喷施，也可冲施（每667m²用3 ~ 5kg）。

附录 3
2019 年南方欧美杂种葡萄露地栽培病虫害防治规范

　　本防治规范是中国农业科学院植物保护研究所葡萄病虫害研究中心、全国葡萄病虫害防治协作网，在研究南方露地栽培区域过去几年气候和病虫害发生情况的基础上，结合病虫害发生特点制作，供葡萄种植者参考。

　　全国葡萄病虫害防治协作网保留所有权，且有权根据气候变化、病虫害发生状况等在不同年份进行调整，并负责解释。

一、病虫害防治

时　期		预防措施	说　明	调　整
绒球期		5波美度石硫合剂	喷药时尽量均匀周到，枝蔓、架、铁丝、田间杂物都要喷洒药剂，吐绿期使用，不要过早	如果雨水较多，石硫合剂换成铜—600倍液
发芽后~开花前	2~3叶期	30%万保露800倍液 10%快喜（烯啶虫胺）补佳500倍液	发芽前用石硫合剂杀灭介壳虫的基础上，用狂刺针对介壳虫和绿盲蝽，兼顾其他害虫	有螨类危害时，快喜5%阿维菌素3 000倍液
	花序展露期	保倍福美双1 500倍液 70%甲基硫菌灵1 000倍液 补佳500倍液	保倍福美双全面保护，甲基硫菌灵预防灰霉病，穗轴褐枯病（藤稔葡萄保福改为保倍或者万保露）	阴天较多，霜霉病往年较重的加金科克2 000倍液

（续）

时　期		预防措施	说　明	调　整
发芽后至开花前	花絮分离期	30%保倍福美双800倍液 40%保时绿1 000倍液 21%保倍硼2 000倍液	此时期是花前防治灰霉病、穗轴褐枯病的关键点（藤稔葡萄保福改为保倍或者万保露）	灰霉病严重或久治不愈时，用汇葡1 500倍液+腐霉利1 000倍液+补佳500倍液单喷花穗；穗轴褐枯病严重时，可加用苯甲
	开花前	30%保倍福美双800倍液 50%腐霉利1 000倍液 保倍硼2 000倍液 补佳500倍液	选用保倍福美双，兼顾多种病害且持效长，保护整个花期安全，用腐霉利对付灰霉病（藤稔葡萄保福改为保倍或者万保露）	灰霉病重的果园，在开花前加用1次汇葡1 500倍液+22%抑霉唑1 500倍液喷花序
盛花期		一般不使用农药	开花期间使用农药会影响葡萄授粉，减少果内种子数量，出现大小粒；非杀菌剂农药（叶面肥、杀虫剂）的使用会加重灰霉病发生	灰霉病烂花穗，25%保倍1 500倍液+22%抑霉唑1 500倍液喷花序；霜霉病感染用保倍1 500倍液+金科克800倍液单喷花穗，注意要在晴天下午施药，天黑前停止施药
落花后至套袋	花后2～3d	25%保倍1 500倍液 40%保时绿1 000倍液 40%金科克1 500倍液 补佳500倍液	谢花后是灰霉病的重要防治点，同时也是预防上果穗的关键时期。	雨水较多，易霜霉病早发的年份，加用40%金科克1 000倍液 上年有溃疡病（干梗掉粒）的果园，此时加用汇葡2 000倍液。且要注意疏果造成的伤口及时保护
	花后12～15d	25%保倍1 500倍液 40%腈菌唑5 000倍液 20%金乙霜500倍液 保倍钙1 000倍液	小幼果期是预防炭疽病、白腐病的关键时期；也是补钙的关键时期	
	花后25d	30%保倍福美双800倍液 40%氟硅唑8 000倍液 保倍钙1 000倍液	此时单用保护剂即可，选用保倍福美双，药斑轻。在套袋前，抓住补钙的关键时期，直接补到果实上。（藤稔葡萄保福改为保倍或者万保露）	病害压力比较小时，治疗剂可以省略，注意补充钙肥和氨基酸

（续）

时　期		预防措施	说　明	调　整
落花后至套袋	套袋前		25%保倍1 500倍液 40%汇优3 000倍液 22%抑霉唑1 500倍液 40%金科克1 000倍液	套袋前需要彻底解决灰霉病菌、炭疽病菌、白腐病菌。沾穗1次，喷穗需要2次	有鳞翅目幼虫为害套袋后的果穗的，加用5%甲维盐3 000倍液。 上年溃疡病或灰霉病较重的果园，在药剂处理中加用汇葡1 500倍液
套袋后至采收	套袋后至摘袋		30%万保露800倍液 20%金乙霜500倍液（1～2次） 最好把袋子上也打上药	注意袋子质量，且果穗要套在袋子中央，不能紧贴袋子，袋子扎口时要扎成尖头，防止雨水进入纸袋	如果雨水大，万保露换成保倍福美双，同时加上霜霉病的治疗剂
	10d后		铜一800倍液 磷酸二氢钾1 000倍液	保护好叶片的同时，补充叶面营养，促进光合作用，促进果穗增糖上色	雨水较多时，需要加入金科克；若施用后遇连阴雨，发生霜霉病，可单用金科克处理发病中心。
	雨季来临前		铜一800倍液 金科克2 000倍液（间隔10～12d，使用2次，第二次用药金科克可以省掉）	遇连阴雨或者大雾铜一800倍液改成保倍1 500倍液，铜制剂可以很好预防霜霉病的发生	产量较高，上色差的品种，配合协作网营养方案的基础上，在套袋后间隔3～5d用4～6次多肽氨基酸1 500倍液，增加果实糖份，促进上色，但是氨基酸不要与铜制剂混用。
	转色期		1.8%辛秀安600倍液 噻虫朗2 000倍液	转色期是酸腐病的高发期，辛秀安水剂使果面光洁，增加果粉，预防酸腐病的真菌和细菌，联苯菊酯杀灭醋蝇	副梢多，叶片重叠，喷药不能周到的地方，单用40%金科克1 000～1 500倍液，喷施不易喷到药的地方，还可以使用40%金科克1 500倍液+25%保倍1 500倍液

（续）

时　期		预防措施	说　明	调　整
采收期		一般不用药	如果发病，应使用残留小、分解快的保鲜剂或消毒剂如抑霉唑	如果有炭疽病、白腐病、灰霉病发生时，用辛秀安600倍液+22%抑霉唑1 500倍液处理果穗
采收后		2次保护剂	采收后要保护好叶片，为树体储存营养；也可用万保露代替波尔多液	有霜霉病时加治疗剂40%金科克、10%葡盾等

二、救灾性措施

1. **花期出现烂花序**　施用30%保倍福美双800倍液+50%腐霉利1 000倍液+40%保时绿（嘧霉胺）800倍液+补佳500倍液。

2. **花期同时出现灰霉病和霜霉病侵染花序**　施用25%保倍1 500倍液+50%腐霉利1 000倍液+40%保时绿（嘧霉胺）800倍液+40%金科克1 500倍液+补佳500倍液。

3. **发现霜霉病的发病中心**　在发病中心及周围，使用1次40%金科克1 500倍液+25%保倍1 500倍液；如果发生霜霉病发生比较严重或比较普遍，先使用1次40%金科克1 500倍液+铜一600倍液，3d左右使用10%葡盾1 000倍液+20%金乙霜500倍液，4d后使用保护性杀菌剂。而后8d左右1次药剂，以保护性杀菌剂为主。

4. **如果褐斑病发生普遍或气候湿润有利于褐斑病的发生**　采用如下防治方法：第一次用30%保倍福美双800倍液+40%汇优（苯醚甲环唑）3 000倍液；5d后（最好不要超过5d），施用30%万保露600倍液+40%氟硅唑6 000倍液，以后正常管理。

注 意 事 项

> 褐斑病的防治，葡萄生长中期的保护性杀菌剂非常关键，如果中期防治措施到位，褐斑病不会大发生。

5. **出现白腐病**　剪除病穗，而后施用40%汇优3 000倍液+30%保倍福美双800倍液，重点喷洒果穗；之后用30%万保露600倍液、30%保倍福美双800倍液等保护性杀菌剂进行规范防治。

6.**出现冰雹**　8h内施用40%氟硅唑8 000倍液+30%保倍福美双800倍液，重点喷果穗和新枝条。

7.**发现果实腐烂比较普遍时**　摘袋，使用25%保倍1 500倍液+40%汇优3 000倍液+22%抑霉唑1 500倍液涮果穗，药液干后换新袋子重新套上。

出现这种情况，说明：①套袋前的药没有用好；②套袋时套的质量出了问题；③袋子质量出了问题，疏水性不好这三个环节有一个或多个没有做好。上述药剂处理后，同样要注意②、③环节的工作。

8.**发现溃疡病**　枝条发现溃疡病时，可以用50%腐霉利1 000倍液+汇葡1 500倍液，5天后再跟进1次30%保倍福美双800倍液+40%氟硅唑6 000倍液。如果果穗上发现溃疡病，摘袋后用22%抑霉唑1 500倍液+汇葡1 500倍液浸果穗，药水干后，换新袋子套上。

9.**后期发生炭疽病**　马上全园施用40%汇优3 000倍液+25%保倍1 500倍液，5d后再单用1次1.8%辛秀安600倍液，再过5d后施用1次25%保倍1 500倍液。以后可以根据采收期决定施用的药剂和次数。如果第一次药后遇雨，雨停后马上补施40%汇优3 000倍液+25%保倍1 500倍液，3d后施用一次1.8%辛秀安600倍液，5d后视情况用药。

10.**发现酸腐病**　刚发生时马上全园施用1次噻虫朗2 000倍液+30%王铜600倍液，然后尽快剪除发病穗妥善处理。田间有醋蝇，在没有风的晴天时，用80%敌敌畏300倍液喷地面（要特别注意施药时的人身安全）。也可以用20%灭蝇胺500倍液全园喷施。

辅助措施：可以糖醋液毒饵，诱杀醋蝇成虫。

11.**连续阴雨（葡萄植株上一直带水）没有办法使用药剂**　可以在雨停的间歇（2～3h），带雨水使用40%金科克500～800倍液，喷洒在有雨水的葡萄植株上，作为连续阴雨的灾害应急措施。

特别说明：对于藤稔、夏黑、高妻这三个葡萄品种，在连阴天或寡日照时，施用苯醚甲环唑时有药害，而晴天施用很安全。

三、农药的混合施用

见附录1相关部分内容。

（编者：刘永波）

晁无疾,张立功,赵雅梅,2013.葡萄优质安全栽培技术[M].北京:中国农业出版社.

晁无疾,单涛,张燕娟,2017.彩图版实用葡萄设施栽培[M].北京:中国农业出版社.

程建徽,魏灵珠,陈青英,等,2013.鲜食葡萄新品种:玉手指的选育[J].果树学报,4:036.

范培格,杨美容,王利军,等,2008.优质极早熟葡萄新品种京蜜[J].园艺学报,35(11):1710.

国家葡萄产业技术体系资源与育种研究室,2010.葡萄新品种汇编[M].北京:中国农业出版社.

蒋爱丽,程杰山,李世诚,等,2011.葡萄新品种:申华的选育[J].果树学报,28(05):936-937,740.

蒋爱丽,程杰山,奚晓军,等,2012.鲜食葡萄新品种:申玉的选育[J].果树学报,29(03):516-517,312.

蒋爱丽,李世诚,金佩芳,等,2007.胚培无核葡萄新品种:沪培1号的选育[J].果树学报,24(3):402-403.

蒋爱丽,李世诚,杨天仪,等,2007.优质大粒四倍体葡萄新品种申丰[J].园艺学报(04):1063.

蒋爱丽,李世诚,杨天仪,等,2008.无核葡萄新品种:沪培2号的选育[J].果树学报,25(4):618-619.

蒋爱丽,李世诚,杨天仪,等,2009.鲜食葡萄新品种:申宝的选育[J].果树学报,26(06):922-923,758.

蒋爱丽,奚晓军,程杰山,等,2014.早熟葡萄新品种:申爱的选育[J].果树学报,31(02):335-336,164.

蒋爱丽,奚晓军,田益华,等,2015.无核葡萄新品种:沪培3号的选育[J].果树学报,32(06):1291-1293,996.

蒯传化,刘崇怀,2016.当代葡萄[M].郑州:中原农民出版社.

李世诚,金佩芳,1999.葡萄砧木新品种:华佳8号的选育[J].中外葡萄与葡萄酒(4):1-5.

刘凤之,段长青,2013.葡萄生产配套技术手册[M].北京:中国农业出版社.

石雪晖,王益志,陈祖玉,等,2002,湖南刺葡萄植物学性状及抗病性研究初报[J].中外葡萄与葡萄酒(2):22-24.

石雪晖,杨国顺,金燕,2014.南方葡萄优质高效栽培新技术集成[M].北京:中国农业出版社.

石雪晖,杨国顺,熊兴耀,等,2010.湖南省刺葡萄种质资源的研究与利用[J].湖南农业科学,19:1-4.

石雪晖,杨国顺,钟晓红,等,2011.湖南省葡萄产业发展历程与趋势[J].中外葡萄与葡萄酒(3):61-66.

石雪晖,2002.葡萄优质丰产周年管理技术[M].北京：中国农业出版社.

王世平,许文平,张才喜,2013.南方葡萄安全生产技术指南[M].北京：中国农业出版社.

王忠跃,2009.中国葡萄病虫害与综合防控技术[M].北京：中国农业出版社.

王忠跃,2017.葡萄健康栽培与病虫害防控[M].北京：中国农业科学出版社

项殿芳,李绍星,张孟宏,等,2008.晚熟鲜食葡萄新品种金田0608[J].果农之友(10):7-7.

项殿芳,李绍星,张孟宏,等,2008.鲜食葡萄新品种金田蜜[J].园艺学报,35(7):1086-1086.

熊兴耀,王仁才,孙武积,等,2007.葡萄新品种紫秋[J].园艺学报,33(5):1165-1165.

徐海英,张国军,闫爱玲,2005.无核葡萄新品种瑞锋无核[J].园艺学报.32(3):559.

徐海英,张国军,闫爱玲,2009.早熟葡萄新品瑞都香玉[J].园艺学报.36(6):929.严大义,2011.红地球葡萄[M].北京：中国农业出版社.

杨治元,2013.彩图版红地球葡萄[M].北京：中国农业出版社.

杨治元,2014.彩图版夏黑葡萄[M].北京：中国农业出版社.

杨治元,2016.彩图版222种葡萄病虫害识别与防治[M].北京：中国农业出版社.

杨治元,2018.彩图版葡萄促早熟栽培配套技术[M].北京：中国农业出版社.

杨治元,2018.彩图版阳光玫瑰葡萄栽培技术[M].北京：中国农业出版社.

赵常青,蔡之博,吕冬梅,2011.葡萄早熟新品种光辉的选育[J].中国果树,(4):6-8.

钟晓红,万晋,万术美,等,2017,夏黑无核的变异新类型研究初报[J].湖南农业科学.384(09)：70-72.

图书在版编目（CIP）数据

图解南方葡萄优质高效栽培 / 石雪晖等主编. —
北京：中国农业出版社，2019.10
（专业园艺师的不败指南）
ISBN 978-7-109-25914-0

Ⅰ. ①图… Ⅱ. ①石… Ⅲ. ①葡萄栽培–图解 Ⅳ.
①S663.1-64

中国版本图书馆CIP数据核字（2019）第202673号

中国农业出版社出版
地址：北京市朝阳区麦子店街18号楼
邮编：100125
责任编辑：郭晨茜　国　圆　浮双双　孟令洋
责任校对：巴红菊
印刷：北京通州皇家印刷厂
版次：2019年10月第1版
印次：2019年10月北京第1次印刷
发行：新华书店北京发行所
开本：880mm×1230mm　1/32
印张：10.25
字数：300千字
定价：56.00元